令和3年改正法対応

発信者情報開示命令

活用マニュアル

弁護士
中澤佑一 ［著］
Nakazawa Yuuichi

中央経済社

本書の刊行にあたって

インターネット上で発生する権利侵害への法的対処のためには，プロバイダ責任制限法の理解も重要ですが，名誉権やプライバシー権といった実体法上の権利侵害に関する法的知識も必要です。また，発信者情報開示請求以外に削除請求や損害賠償請求についても理解する必要があります。

これらの発信者情報開示請求以外の関連する分野も含め，インターネット上で権利侵害を受けた場合の法的対抗手段の全体像を解説する実務書として，拙著『インターネットにおける誹謗中傷法的対策マニュアル〈第4版〉』（2022年4月刊行）を出版いたしました。本書は，前著の発行後の2022年10月1日より，現行プロバイダ責任制限法が施行され発信者情報開示制度が大きく変容したことから，現行プロバイダ責任制限法の解釈と発信者情報開示命令を利用した発信者特定の流れを抜き出して解説する書籍です。可能であれば本書の後に『インターネットにおける誹謗中傷法的対策マニュアル〈第4版〉』も併せてご覧ください。

さて，『インターネットにおける誹謗中傷法的対策マニュアル』では，毎回"成熟したノウハウのみを解説するものではなく当事者の立場で挑戦するための手がかりを記した書籍"であると筆者は述べてきました。同書は，現行プロバイダ責任制限法施行直後に執筆していることもあり，この傾向がより一層顕著なものとなっています。運用，解釈が固まっていないこの時期だからこそ，一歩踏み込んだ記述も積極的に取り入れました。

発信者情報開示制度は，その運用と裁判例の創造によって，日々発展するインターネットの世界に何とか適用させつつ，騙し騙し活用されてきました。スタートしたばかりの現行法についても，立法を担当した総務省や裁判所が想定する使い方のみにこだわっていては，大した成果は得られないでしょう。我々ユーザーが，法律の有効な活用方法を工夫して見つけてゆくことこそが重要なのではないでしょうか。プロバイダ責任制限法はインターネット上の匿名の言

説によって権利を侵害された者に与えられた唯一の武器となる法律です。1つしかない武器に文句を言っても始まりません。手に入った武器で戦うだけです。

　現行法が旧法と比べ「改正」なのか「改悪」なのか，それは運用や解釈が定まるまでの，この先数年の我々実務家の工夫次第で決まります。より善い発信者情報開示制度が実現できるよう，筆者も引き続き試行錯誤したいと思います。

　2023年4月

中澤佑一

目　次

第4章　各サイトの留意点 ——————————— 109

Q Point

●凡　　例

〔法令関係〕

プロバイダ責任制限法（または単に「法」）：特定電気通信役務提供者の損害賠償責任の制限及び発信者情報の開示に関する法律

総務省令：特定電気通信役務提供者の損害賠償責任の制限及び発信者情報の開示に関する法律施行規則

〔判例関係〕

最（1小／2小／3小）判：最高裁判所（第1／第2／第3小法廷）判決

最決：最高裁判所決定

高判：高等裁判所判決

高決：高等裁判所決定

地判：地方裁判所判決

地決：地方裁判所決定

民集：最高裁判所民事判例集

高民：高等裁判所民事判例集

判時：判例時報

判タ：判例タイムズ

〔用　　語〕

CP：コンテンツプロバイダ

AP：アクセスプロバイダ

第 1 章

発信者情報開示請求の基礎知識

　インターネットに関する基本的な知識と，発信者情報開示制度の概要を簡単に説明します。

1 発信者を特定しないと始まらない

　インターネット上で誹謗中傷を受けたとき，その内容に名誉毀損や侮辱などの違法性が認められるのであれば，相手に対して損害賠償請求など法的な責任追及を行うことが可能です。

　しかし，誹謗中傷は匿名で行われる場合が多く，法律上は損害賠償請求が可能であることが明らかであっても，いったいどこの誰に対して権利行使すればよいのかわからず，その権利を現実に行使することができないこともあります。わが国の法制度では，権利を行使するために民事訴訟を提起するには，相手を特定して行う必要があり，相手がどこの誰ともわからない匿名のままでは訴訟を提起することもできません。

　そこで，インターネット上で誹謗中傷の被害を受けた被害者が，加害者に対して反撃をしてゆくための第一歩として，匿名の加害者の住所や氏名を明らかにしてゆく作業が必要となってきます。

2 発信者を特定する作業のややこしさ

　インターネット上での情報発信について，すべての発信者を記録しているデータベースのようなものがあれば話は簡単なのですが，現実のインターネットの世界にはそのようなデータベースはありません。発信者の特定を行おうと

する場合，インターネット上で公開された記事という通信の結果のみが見えている状況でこの通信の結果から発信者までの道筋を逆にたどって，発信者を追跡してゆかなければなりません。また，誰に問い合わせれば発信者につながる情報が得られるのか，またどのような情報があれば発信者に到達できるのかについても，具体的な情報発信ごとに検討する必要があります。

このため，発信者の特定を行うにあたって，インターネット上で情報発信がなされる仕組みをある程度理解しておくことが求められます。

3 インターネット上での情報発信の仕組み

⑴　ウェブサイトの仕組み

インターネット上[1]にある文書（テキスト・文章・画像などすべて）のことをウェブページと呼び，ウェブページの集合をウェブサイトと呼びます。「ホームページ」もウェブページないしはウェブサイトと同一の意味で用いられています。「Twitter」や「Instagram」といったSNS，「YouTube」などの動画サイト，「Google」などの検索サイトもすべてウェブサイトに含まれます。

ウェブページを閲覧するためには，ウェブブラウザ（もしくは単にブラウザ）というソフトウエアを使用します。ウェブページが公開され，それを閲覧する仕組みは，図表1のような形になります。

ウェブページを閲覧するためにブラウザを利用するとき，ブラウザはインターネットに接続している特定のサーバーコンピューター[2]に「ウェブページを閲覧したいので，ウェブページのデータをください」との指令を出し，サーバーコンピューターから「ウェブページの内容はこれですよ」と渡されたデータを持ち帰って画面上に表示させています。

そして，発信者がSNSやブログなどのウェブサイトへ投稿する場合は，その

1　正確にはインターネット上で提供されている「World Wide Web」上に。

2　ウェブページの元のデータが保存されている機械と考えていただければ結構です。

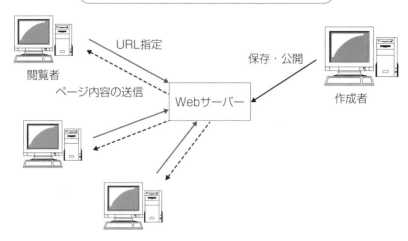

ウェブサイトのデータがあるサーバーコンピューターに対して「この内容を加えておいて」との指令を出しています。指令を受け取ったサーバーコンピューターは，ウェブページのデータを更新し，以降「ウェブページを閲覧したいので，ウェブページのデータをください」との指令が出された際には，先ほど「加えておいて」と言われた内容も更新したページのデータを渡すようになります。

　このように，インターネットに接続されたサーバーコンピューターを介してなされる発信者と閲覧者の間のやり取りが，インターネット上での情報発信と閲覧の枠組みです。

⑵　アクセスログ

　やり取りの中心に存在するサーバーコンピューターでは，①どこからデータをくださいという指令が出されたか，②どこからデータを加えておいてという指令が出されたかなど，受け取った指令に関する記録を取っておくことが可能です。この記録をアクセスログといいます。

4 発信者特定の枠組み

⑴ 登録情報からの発信者特定

　情報発信がなされたウェブサイトやサーバーコンピューターの管理者と発信者自身との間に直接の契約関係がある場合には，ウェブサイト側が発信者の情報を把握しているため，比較的簡単に発信者の特定が可能です。

　また，住所と氏名まではいかなくとも，SNS等でアカウントの認証のために電話番号を登録する場合も増えてきています。このような発信者を識別するのに有効な情報がウェブサイト側にあれば，その登録情報を提供してもらい，発信者を調査することが可能です。

　他方で，発信者が自身の情報を何ら登録する必要なく情報発信が可能なウェブサイトも依然多数あります。このようなサイトでなされた情報発信の発信者を調査しようとする場合，発信者が情報発信の際に残した痕跡（アクセスログ）を元に追跡をしてゆくことが必要になります。

⑵ アクセスログからの追跡

　発信者が情報を発信した際は，サーバーコンピューターに記録されたアクセスログを手がかりに発信者を特定してゆくことが可能です。

　もっとも，発信者はサーバーコンピューターに直接接続するわけではありません。発信者自身が操作するパソコン（PC）やスマートフォンから，発信者が利用している「アクセスプロバイダ」（AP）の通信網を経由して，対象のウェブサーバーにアクセスします。このため，サーバーコンピューター側でのアクセスログは，直接的にはAPの通信設備からのアクセスを記録したものに過ぎず，それのみでは発信者の住所や氏名など，発信者の個人を識別しうる情報ではありません。

　アクセスログにはさまざまな情報が含まれますが，発信者特定に利用する代表的なものに「IPアドレス」があります。

　IPアドレスとは，インターネットに接続している端末（PC，携帯電話など）の1台1台を識別するために使用される符号です。インターネットに接続する端末に必ず付与され，インターネット上の住所に当たります。ただし，住所といっても，各PC等の端末に固定的に常に同一のIPアドレスが付与されているわけではなく，APが通信の都度，異なるIPアドレスを利用者に割り当てるのが一般的です。

　インターネットでウェブサイトを閲覧したり，電子掲示板に書き込みをしたりする際，必ずその動作を行う端末にIPアドレスが付与されています。先ほどウェブサイトの仕組みを説明した際に出てきたサーバーコンピューターにも必ずIPアドレスが付与されており，ブラウザはIPアドレスを手がかりに閲覧したいページのデータがあるサーバーコンピューターにたどり着きます。

　現在，IPアドレスはIPv4方式とIPv6方式が併用されています。IPv4方式では「123.123.123.123」のように3桁の数字を4つ組み合わせた表記でIPアドレスを表記します。なお，各グループの数字が「012」や「001」のようなときには「ゼロ」が省略されますので「192.000.002.001」は「192.0.2.1」と表記されます。

　また，次世代の方式であり，より多くの個数のIPアドレスを発行できるIPv6方式では[3]，英数字4つずつを「：」で8分割した「ab12:cd34:56ef:gh78:90ij:klm1:11af:b3c8」という表記になります。各数字の冒頭のゼロが省略されるのは同様です。

　さて，IPアドレスは民間の非営利団体であるICANNが一元的に管理しており，インターネットサービスプロバイダ（「ISP」，APとほぼ同義）がまとまった単位で割り振りを受けて，自社の通信設備で利用しています。また，どのIPアドレスがどの通信会社によって利用されているかの記録は公開されています。よって，アクセスログに記録されたIPアドレスから，発信者が利用した通信会

　3　IPv4では約43億個しかIPアドレスを作れませんが，IPv6であれば340澗（1澗〔かん〕＝10の36乗）ものアドレスの発行が可能になり，より多くの端末が同時にインターネットに接続できるようになります。

6

社（AP）を知ることができます。

　そして，発信者が情報発信に利用していたAPは，自社の通信網の利用者に対してインターネット通信のためにIPアドレスを割り当てます。この，IPアドレスをどの利用者に割り当てたかについてAPが記録している情報を確認すれば，IPアドレスとAPの利用者情報が対応し，発信者の識別が可能となります。

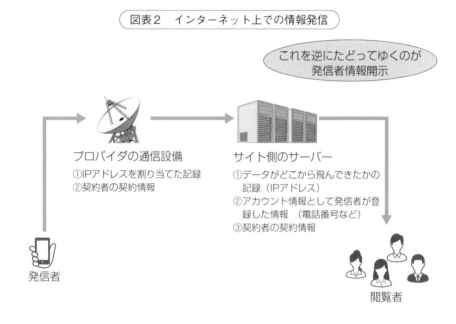

図表2　インターネット上での情報発信

これを逆にたどってゆくのが
発信者情報開示

プロバイダの通信設備
①IPアドレスを割り当てた記録
②契約者の契約情報

サイト側のサーバー
①データがどこから飛んできたかの
　記録（IPアドレス）
②アカウント情報として発信者が登
　録した情報　（電話番号など）
③契約者の契約情報

発信者

閲覧者

5　発信者情報開示請求権

　このように，ウェブサイトやサーバーの運営者が保持している発信者の情報や，サーバーやAPに記録されている通信に関する記録を取得することで，匿名の情報発信であっても発信者の特定が技術的には可能です。しかし，インターネット上での情報発信は，憲法や電気通信事業法における「通信の秘密」として，厳重に保護されており，情報をみだりに開示することはできません。

　そこで，「通信の秘密」と発信者を特定する必要性との調整を図りながら，インターネット上でなされた匿名の情報発信について情報発信者を明らかにしてゆくために必要な情報を取得する法的な請求権が「特定電気通信役務提供者の損害賠償責任の制限及び発信者情報の開示に関する法律（プロバイダ責任制限法）」に，「発信者情報開示請求権」として規定されています。

　プロバイダ責任制限法は，「発信者情報開示請求権」を創設的に認める法律として2001年に制定された法律で，法制定当初は4カ条のコンパクトな法令でした。

　しかし，発信者情報開示制度の使いにくさが各所から指摘されていたことに加え，インターネット上の誹謗中傷が社会問題化しより実効的な発信者情報開示制度が必要となったことから，令和3（2021）年に新たな情報開示制度の創設を含む大改正がなされ，条文数も18カ条と大幅に増加しました。この改正法は2022年10月1日より施行されています。

　発信者情報開示請求権は，大原則である「通信の秘密」のあくまで例外として位置づけられており，要件や効果も厳格に定められています。また，インターネット上で生じるさまざまな権利侵害の中でプロバイダ責任制限法が対象とするのは一部であり，違法行為によって被害を受けてもプロバイダ責任制限法が適用されず，発信者情報開示請求権が発生しない類型もあるので注意が必要です。

8

図表 3　発信者情報開示手続全体のフローチャート

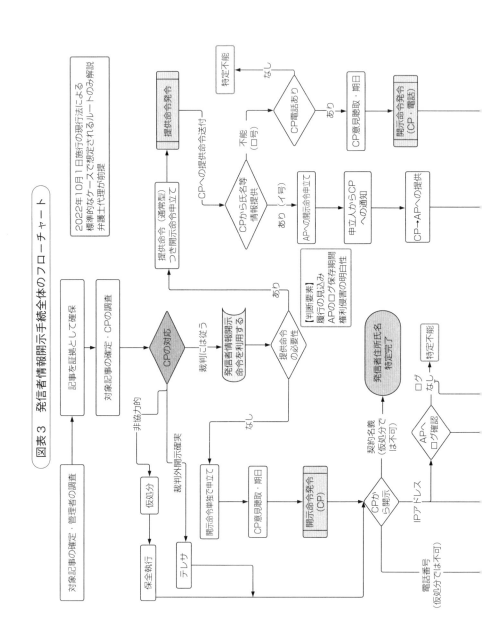

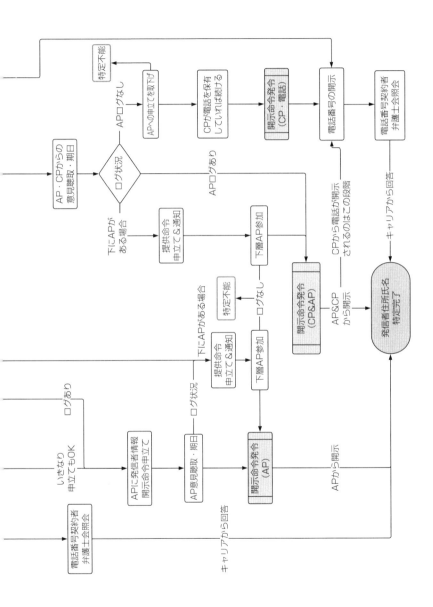

Point

🔍 改正法令の適用

　2020年8月に総務省令が改正され，新たに発信者の電話番号の開示請求が可能になりました。また，2022年10月からはプロバイダ責任制限法も現行法が施行され，発信者情報開示請求の要件や効果が大きく変わりました。

　このような法令改正がなされた場合，特に開示請求が可能な範囲が広がった場合は，発信者情報開示請求を行う側にとってはより多くの情報が入手可能になり，発信者の特定という面において有利ですが，発信者にとっては不利益な変更と言え，投稿当時になかった法令を適用して発信者情報の開示を命ずるのは法の遡及適用に当たり許されないのではないかという論点があります。

　この点について，2020年に電話番号が発信者情報に加わって以降の下級審判例においては混乱が見られましたが，最2小判令和5年1月30日／令和3年（受）2050号（裁判所ウェブサイト）は，省令施行前投稿についても新省令に基づく電話番号の開示請求を認めました。よって，電話番号の開示請求に関しては，投稿時期にかかわらず可能と言えます。

　また，現行プロバイダ責任制限法および現行総務省令について最高裁は直接的には判断を示していないものの，最2小判令和5年1月30日の趣旨からすれば，施行前投稿に関しても適用が認められると考えられます。実際，最高裁判決後の下級審実務では投稿時期に関係なく，現行法・現行省令の適用を認めています。

　なお，プロバイダ責任制限法は，実体的な権利関係を規定する部分と，発信者情報開示命令制度に関する手続を規定する部分（手続法）に分かれています。手続法に関しては，手続時の法令が適用されるのが通説的解釈であり，現行法施行前になされた投稿に関しても発信者情報開示命令制度が利用できることについては，もとより争いはありません。

プロバイダ責任制限法を理解する

　発信者情報開示請求権を理解するために，プロバイダ責任制限法が定める要件や開示対象となる発信者情報について解説します。

1 法律の体系

　プロバイダ責任制限法は，実体法的定めとして侵害情報の送信に用いられた通信設備を管理するプロバイダの免責（第2章）と，発信者情報開示請求（第3章）を置きます。また手続に関する定めとして，発信者情報開示命令事件に関する裁判手続（第4章）を規定しています。

　このように実体法と手続法が合体した法令であり，実体法上の要件と効果とそれを行使するための手続を区別して理解することが重要です。

2 実体法的理解の前提となる基本的な概念

⑴ 「侵害情報」と「侵害関連通信」

　「発信者情報開示請求」は，インターネット上でなされた情報発信による権利侵害が前提となって行使が可能な権利です。

　プロバイダ責任制限法は，権利侵害をまさに発生させた情報について，その通信に関する情報開示請求を認めるというのが原則です。この権利侵害を発生させる情報（たとえば名誉毀損記事）は，「侵害情報」（法2条5号）と定義されています。

　他方で，「侵害情報」と対となる概念として「侵害関連通信」（法5条3項）があります。「侵害関連通信」とは，具体的には侵害情報を発信したSNSアカ

ウントへログインするための通信など，侵害情報の送信と関連性を有するものの，それ自体は権利侵害ではない通信のことです。

改正前のプロバイダ責任制限法では，少なくとも条文の文言解釈上はあくまで「侵害情報の送信を行った通信」が開示対象であり，ログイン情報の開示や，ログイン情報を経由したアクセスプロバイダ（AP）に対する開示請求などは対象外でした[1]。

しかし，侵害情報の送信に関して記録を取らず，ログイン記録のみを保存するTwitterをはじめとしたサイトが普及してきたことから，侵害情報の送信ではないものの，それに関連する「侵害関連通信」についても，この大原則の例外として発信者情報開示請求の対象とすることが改正により可能となっています。

⑵ "一般発信者情報" と「特定発信者情報」

「発信者情報」は，発信者情報開示請求権を行使することで取得できる情報のことです。

法律的には，「氏名，住所その他の侵害情報の発信者の特定に資する情報であって総務省令で定めるものをいう。」（法2条6号）と定義され，具体的な内容は特定電気通信役務提供者の損害賠償責任の制限及び発信者情報の開示に関する法律施行規則（以下，本書では単に「総務省令」と表記します）2条にて定められています。

総務省令2条は発信者情報として1号から14号までを定め，そのうち9号から13号を「特定発信者情報」とし，それ以外を「特定発信者情報以外の発信者情報」と分類しています。

「特定発信者情報」は2022年10月施行の改正法で新たに導入された「侵害関

1　もっとも，ログイン情報の開示とログイン情報を経由したAPに対する開示請求を認めなければ発信者に到達しえないケースが多数あり，必要性が高いことから裁判例上はある意味で条文の文言に逆らって開示が一部認められていました。条文上無理の大きい解釈だったことから，改正によって真正面から法定された形です。

連通信」に関する発信者情報として開示請求が可能となった情報であり，従前からの発信者情報に相当するものは「特定発信者情報以外の発信者情報」となりました。この両者を合わせた者が「発信者情報」と再定義されています。

　もっとも，「特定発信者情報以外の発信者情報」という否定語を含む表現は非常にわかりにくいため，本書では，「特定発信者情報以外の発信者情報」を"一般発信者情報"と呼びたいと思います[2]。

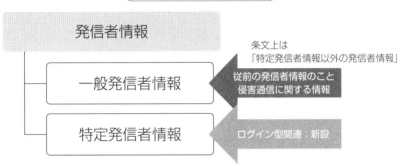

図表4　発信者情報の分類

⑶　発信者情報開示請求権の分類

　プロバイダ責任制限法5条は，次の3類型の発信者情報開示請求権を定めています。

① 一般発信者情報の開示請求権（5条1項1号および2号）

② 特定発信者情報の開示請求権（5条1項1号ないし3号）

③ 関連電気通信役務提供者に対する開示請求権（5条2項）

このように3類型の要件が異なる開示請求権が規定されるようになったのは，

---

2 「一般発信者情報」という呼び方は裁判所作成の「発信者情報開示命令事件に関する裁判手続の運用について」（『NBL』No.1226）においても用いられています。

2022年10月１日施行の現行法からであり，従前は発信者情報開示請求権に分類はなく，前記の①一般発信者情報の開示請求権のみが規定されていました。

　現行法は，いわゆる「ログイン型」への対応として，従前は条文上発信者情報開示請求の対象ではなかった部分にまで発信者情報開示の対象を拡大しており，その拡大した部分が②③として規定されています。

　これからプロバイダ責任制限法を学ぶ方も含め，①についてまずは理解をし，そのうえで②③がどのように変わっているのかを把握してゆくのがわかりやすいでしょう。

3 一般発信者情報の開示請求権の要件

⑴ 要　件

　基本となる形の法５条１項１号・２号が定める発信者情報開示請求（第１類型）の要件を整理すると次の通りです。

---

① 「特定電気通信」による情報の流通がなされた場合であること
② 当該情報の流通によって自己の権利が侵害されたことが明白であること
③ 発信者情報の開示を受ける正当な理由が存在すること
④ 発信者情報の開示を求める相手が「開示関係役務提供者」であること
⑤ 開示を求める情報が「発信者情報」に該当すること
⑥ 上記発信者情報を開示関係役務提供者が「保有」していること

⑵ 特定電気通信による情報の流通

　発信者情報開示請求権は「特定電気通信による情報の流通によって自己の権利を侵害された」[3]ことがまずは大前提となります。この「特定電気通信」という概念が，プロバイダ責任制限法の適用範囲です。

　「特定電気通信」とは「不特定の者によって受信されることを目的とする電

3　法５条１項柱書

気通信の送信」（法2条1号）と定義されています。なお，テレビ放送など放送法の2条1号で定義される方法に関しては除きます。

　具体的にいえば，公開の電子掲示板やSNSといった，不特定多数に受信されうるインターネット通信を指します。不特定多数に受信されうる通信か否かの判断については，必ずしもその時点で不特定人が閲覧可能であるとまでは求められておらず，手順を踏まないと参加できないグループチャットについても「ユーザー登録することによって誰でもログインして参加できる」ことを根拠に特定電気通信該当性を認めた裁判例[4]があります。

　他方で，ここに含まれない代表的なものとしては，電子メールの送受信や，SNSアカウントを用いたダイレクトメッセージ（DM）のやり取りが挙げられます。これらの通信は一対一で行われるため，不特定の者によって受信されるものではなく，特定電気通信には該当しないとされています。メーリングリスト等の多数の者に送信される電子メールについては，特定電気通信に該当しそうですが，一対一の電子メールが多数送信されているに過ぎず，やはり該当しないとされています。

　SNSが普及するようになって，インターネット上の誹謗中傷でもDMが多用されるようになってきました。しかし，残念ながらDMによる誹謗中傷に対しては，プロバイダ責任制限法による発信者情報開示請求を行うことはできません。法の不備としか言いようがありませんが，現状ではこのようになっています[5]。

(3)　当該情報の流通によって自己の権利が侵害されたことが明白であること

　この要件は「権利侵害の明白性」と呼ばれています。

　ここでいう権利侵害とは，何らかの法律上保護に値する利益の侵害という意

4　大阪地判平成20年6月26日判時2033号40頁，判タ1289号294頁
5　ハードルは高くなりますが，刑事手続は米国での情報開示制度を利用するしかありません。

味であり，「○○権」と判例上呼称されるものでなくともかまいません。

　そして，明白性とは権利侵害が甚だしいとか，一見してわかるという趣旨ではなく，権利侵害の事実のみならず違法性阻却事由の存在をうかがわせるような事情が存しないことを意味します。

　不法行為に基づく損害賠償請求であれば，違法性阻却事由については請求者側で主張立証する必要はありませんが，発信者情報開示請求においては，情報を開示される発信者側のプライバシー権や表現の自由との関係から立証責任を転換する形で要件が加重されています。

　なお，立証責任の転換について，「不法行為等の成立を阻却する事由の存在をうかがわせるような事情が存在しないこと」と説明されることもあります。しかし，これは不正確な表現であり，正確には不法行為の成立を阻却する事情のうち故意過失といった責任を阻却するに過ぎない部分については，不存在を主張立証する必要はありません[6]。

　よって発信者の故意過失を否定する事情の不存在については開示請求者側で主張立証を行う必要性はなく，「明らか」とは，違法性阻却事由の存在をうかがわせるような事情が存しないことを意味すると解されています[7]。

⑷　正当な理由の存在

　開示請求者が発信者情報を取得することの合理的な必要性を有していることを意味します。この合理的な必要性には，情報を開示される発信者側の受ける不利益も考慮したうえで，情報開示を行うことが相当であるという意味も含み

6　総務省は長らく「不法行為等の成立を阻却する事由の存在をうかがわせるような事情が存在しないこと」という誤った説明を修正していませんが，改正プロバイダ責任制限法の施行に合わせて出版された『プロバイダ責任制限法〈第3版〉』（総務省総合通信基盤局消費者行政第二課著，第一法規，2022）104ページ脚注10では，責任阻却事由は含まないという補足が入りました。

7　同様の立場をとる裁判例：東京地判平成15年3月31日判時1817号84頁，東京地判平成15年12月24日LLI/DB判例秘書登載。

ます。

　正当な理由が認められる具体的な例としては，発信者に対して削除請求を行うため，民事上の損害賠償請求を行うため，謝罪広告などの名誉回復措置のため，刑事告訴のためなどが挙げられます。反対に，正当な理由が認められないケースとしては，私的制裁などの不当な目的のために開示を受けようとする場合，すでに賠償金が支払い済みであり損害賠償請求権が消滅している場合などが考えられます。

⑸　「開示関係役務提供者」該当性

　発信者情報の開示義務を負い，発信者情報開示請求の相手方となるのは「開示関係役務提供者」（法2条7号）です。

　この「開示関係役務提供者」については，法5条1項に規定する特定電気通信役務提供者と，同条2項に規定する関連電気通信役務提供者の2種類がありますが，第1類型の発信者情報開示請求において相手方となるのは，法5条1項に規定する特定電気通信役務提供者となります。

　プロバイダ責任制限法では前述の「特定電気通信」を用いて電気通信役務を提供する者を「特定電気通信役務提供者」と定義し，権利侵害通信の用に供される特定電気通信設備を管理する「特定電気通信役務提供者」は，その権利侵害通信との関係において「開示関係役務提供者」に該当します。

　具体的には，侵害情報が保存されているウェブサーバーを提供している者，同じく電子掲示板を管理している者，侵害情報の発信に利用されたインターネットサービスプロバイダなどです。

　そして，開示関係役務提供者について営利性などは要求されていませんので，通信事業を営む事業者以外にも，従業員等のためにインターネット通信設備を設置して利用させている企業，大学，地方公共団体，そして趣味的に電子掲示板を開設している個人なども開示関係役務提供者となる場合があります。

　なお，法施行後しばらくは，インターネットへの接続サービスを行っているだけのインターネットサービスプロバイダ（NTTドコモ，ソネット，OCN，

ビッグローブなど。「経由プロバイダ」とも呼ばれる。「AP」とほぼ同義）に対する発信者情報開示請求が認められるかという議論がありましたが，最高裁は経由プロバイダについても「特定電気通信役務提供者」に該当すると判示しており，実務上は決着しています[8]。

⑹ 発信者情報

開示を求めることができる発信者情報は，具体的には総務省令2条に規定されています。この総務省令の規定は限定列挙であると解されており，開示関係役務提供者が保有している情報であっても総務省令に規定されていない情報は開示対象にはなりません。

発信者情報は，前述の通り一般発信者情報と特定発信者情報に分けられますが，第1類型の発信者情報開示請求が可能なのは，一般発信者情報に限られます。

以下，順に一般発信者情報の内容を確認してゆきましょう。なお，各項目の丸数字は，総務省令2条の号数に対応しています。

① 発信者その他侵害情報の送信又は侵害関連通信に係る者の氏名又は名称

個人の氏名，法人・団体の名称を規定するものです。「その他侵害情報の送信又は侵害関連通信に係る者」とは，発信者以外で情報通信に関与した者を指し，たとえばレンタルサーバー事業者と契約して掲示板サイトを運営する者などが含まれます。

② 発信者その他侵害情報の送信又は侵害関連通信に係る者の住所

法人・団体の所在地も「住所」に含むと解されています。

③ 発信者その他侵害情報の送信又は侵害関連通信に係る者の電話番号

8　最1小判平成22年4月8日民集64巻3号676頁

④　発信者その他侵害情報の送信又は侵害関連通信に係る者の電子メールアドレス

⑤　侵害情報の送信に係るアイ・ピー・アドレス及びポート番号

　発信者が通信を行った際に用いたIPアドレスと，ポート番号（接続元ポート番号）が規定されています。

　また，一部の経由プロバイダにおいて発信者の特定のために要求される，コンテンツプロバイダ（CP）側が情報を受信した際のIPアドレス（接続先IPアドレス）についても，「侵害情報に係るアイ・ピー・アドレス」に当たると考えられます。条文上は，情報の送り手側か受けた側かの限定はなされず，単に「侵害情報に係る」と規定されていることから，接続先IPアドレスも含まれると解することが自然な解釈でしょう。

⑥　侵害情報に係る携帯電話端末等からのインターネット接続サービス利用者識別符号

　スマートフォンではない携帯電話を使用してインターネットを利用する場合に通信キャリアから付与される符号です。NTTドコモのｉモードIDなどが該当しますが，現在ではこの情報を利用して発信者の特定を行うことは極めてまれと思われます。

⑦　侵害情報に係るSIMカード識別番号

　スマートフォン等で通信を行う際に必要なSIMカードの番号です。しかし，これを記録しているCPは少なく，実務上ほとんど使われていない条文です。

⑧　侵害情報の送信された年月日及び時刻

　いわゆるタイムスタンプと呼ばれる通信時刻です。

⑭ 発信者その他侵害情報の送信又は侵害関連通信に係る者についての利用管理符号

MVNO（後述）等の場合に，回線提供者とMVNO事業者との間で通信を識別するために利用される符号です。

(7) 「保有」の要件

この点は発信者情報開示制度の一番の欠陥と言わざるを得ない部分ですが，法律上，開示関係役務提供者には発信者情報を取得し保存しておく義務はなく，発信者情報開示の対象となる情報は，開示関係役務提供者が開示請求を受けた時点で実際に「保有」している情報に限られます。すなわち，発信者情報として総務省令に規定されていても，そもそもその情報は保有していないため開示請求が不可能という場合も多くあります。

「保有」とは評価概念であり，開示関係役務提供者が開示する権限を有するという意味であると解されています。開示を行う権限があれば，第三者に委託して情報管理を行っている場合なども含まれます。他方で，開示する権限が実行可能な状態にあることも必要であり，情報の抽出のために膨大なコストを要する場合や，体系的に保管されていない情報については「保有」には該当しません。

4 特定発信者情報開示請求権の要件

(1) 位置づけと要件

特定発信者情報の開示請求権は，Twitterなどのいわゆるログイン型問題へ対処するための新たな武器として改正法で新たに創設された権利です。法制定以来のプロバイダ責任制限法の大原則である“権利侵害が発生した場合に，その通信について情報開示を認める”ということではなく，権利侵害通信に関連する別の通信（侵害関連通信）に関しても発信者情報（この場合に請求できる発信者情報が「特定発信者情報」です）の開示請求が認められるようになりま

した。

　しかし，これは原則である一般発信者情報の開示請求権（＝権利侵害通信の情報を開示するもの）の例外として補充的に認められており，前述した法5条1項1号・2号が定める一般発信者情報の開示請求の要件をすべて具備することに加えて，以下の要件も具備する必要があります。

> プロバイダ責任制限法5条1項3号イロハに規定された，いずれかを満たすこと

　この法5条1項3号に規定された3つの要件は，条文上の用語ではありませんが，裁判所などでは「補充性の要件」と呼ばれています。

　補充性の要件は，いずれも開示請求の相手方となるサイト管理者等が発信者情報のうち一定の類型を保持していないなど，一般発信者情報の開示請求では発信者の特定が不可能であることを要求しています。

　補充性の要件も請求原因事実ですので，開示請求者側は，相手方の発信者情報の一部不保有を主張立証しなければなりません。各サイトの一般的な発信者情報の取得状況について記載した書籍の記述等（本書第4章など）で立証することになります。

⑵　補充性要件イ

　1つ目の"イ"として規定されている要件は，「当該特定電気通信役務提供者が当該権利の侵害に係る特定発信者情報以外の発信者情報を保有していないと認めるとき」です。

　権利侵害情報が掲載されているウェブサイトの管理者（CP）が，その権利侵害情報に関する一般発信者情報を保有していないときを意味します。

　具体的には，権利侵害情報を受信した際のIPアドレス等の通信記録を保存せず，住所・氏名・メールアドレスといったその他の発信者に関する情報も保有していない場合が該当しますが，具体的な記事投稿に関する通信記録を保有しないログイン型に分類されるSNSであっても，アカウント開設のためのメールアドレスは取得することから，通常状態で該当するCPは存在しないと思われ

ます。

当初取得していた情報が消去されてしまい，一般発信者情報を一切保有しない状況になっている場合などは該当する可能性があると思われますが，その場合でも次に述べる補充性要件"ロ"が活用できることから，この条文を適用すべきケースはほぼ存在しないはずです。

(3) 補充性要件ロ

補充性要件ロは，特定発信者情報の開示請求権の主戦場です。

TwitterやInstagramをはじめ，ログイン型事案のほとんどでこの要件を主張することになります。

条文[9]は非常に長くて複雑であり，理解の妨げになりかねませんので，まずは内容を説明します。

補充性要件ロは，発信者情報開示請求の請求先（≒CP）が，総務省令[10]で定める一部の発信者情報しか保有していない場合（それ以外を保有していない場合）とされています。具体的には，

①住所と合わさっていない【氏名または名称】

②氏名または名称と合わさっていない【住所】

9　法5条1項3号ロ

　　当該特定電気通信役務提供者が保有する当該権利の侵害に係る特定発信者情報以外の発信者情報が次に掲げる発信者情報以外の発信者情報であって総務省令で定めるもののみであると認めるとき。

　(1)　当該開示の請求に係る侵害情報の発信者の氏名及び住所

　(2)　当該権利の侵害に係る他の開示関係役務提供者を特定するために用いることができる発信者情報

10　総務省令4条

　　法第五条第一項第三号ロの総務省令で定める特定発信者情報以外の発信者情報は，特定電気通信役務提供者が第二条第二号に掲げる情報を保有していない場合における同条第一号に掲げる情報，特定電気通信役務提供者が同号に掲げる情報を保有していない場合における同条第一号に掲げる情報，同条第三号に掲げる情報，同条第四号に掲げる情報又は同条第八号に掲げる情報とする。

③【電話番号】

④【電子メールアドレス】

⑤【侵害情報送信のタイムスタンプ】

の5つが総務省令4条に規定されており，上記以外を保有していない場合には特定発信者情報の開示請求が認められます。

　Twitterの例で説明すると，Twitterの場合，侵害情報であるツイートの日時は保有しており，またアカウントに登録する情報として，電子メールアドレスや電話番号も保有しています。さらに発信者自身がアカウント表示名を実名にしている場合などは氏名も保有している可能性があります。しかし，組み合わされた「住所と氏名」というように個人特定が可能となる形での情報はなく，またツイートに係るIPアドレス（侵害情報送信の際のIPアドレス）という発信者情報も保有していません。よって，Twitterが保有する可能性のある情報は上記に限られるため，補充性要件ロを満たすことになります。

Point

🔍 補充性要件ロ主張記載例

　本件サイトは，アカウントを取得してログインを行ったうえで投稿を行う仕組みであるが，相手方はログイン後の個別の投稿に関する通信記録を取得しておらず，通信記録としてはログインのための通信に関するものしか保有していない。

　また，本件サイトは氏名や住所の登録を行うものではなく，相手方はこれらの情報も保有していない。

　よって，本件各記事につき相手方が保有する可能性のある特定発信者情報以外の発信者情報（いわゆる一般発信者情報）は，特定電気通信役務提供者の損害賠償責任の制限及び発信者情報の開示に関する法律施行規則第2条3号4号8号に限られる。

　したがって，プロバイダ責任制限法5条1項3号ロが定める補充性要件を満たしている。

⑷ 補充性要件ハ

補充性要件ハは「当該開示の請求をする者がこの項の規定により開示を受けた発信者情報（特定発信者情報を除く。）によっては当該開示の請求に係る侵害情報の発信者を特定することができないと認めるとき」という要件です。一般発信者情報の開示を受けたものの発信者の特定ができない場合を意味します。

典型的には，レンタルサーバーの契約者について契約名義の住所氏名の開示を受けたものの，偽名での契約など開示された情報が不正確だった場合に，サーバーへのログイン記録の開示を求める場合などが想定されます。

しかし，実際に開示を受け，発信者を特定することができないと判明してから，改めて開示請求を行うとなると，果たして侵害関連通信の範囲に含まれるログインについてアクセスプロバイダの通信記録が残存しているのかは甚だ疑問です。この要件については，現状では補充性要件イと同じくあまり適用場面は想定できないでしょう。

⑸ 開示請求が可能な特定発信者情報

総務省令が定める特定発信者情報は次の通りです。一般発信者情報と同じく，各項目の丸数字は総務省令2条の号数に対応しています。

⑨ 専ら侵害関連通信に係るアイ・ピー・アドレス及び当該アイ・ピー・アドレスと組み合わされたポート番号

⑩ 専ら侵害関連通信に係る移動端末設備からのインターネット接続サービス利用者識別符号

⑪ 専ら侵害関連通信に係るSIM識別番号

⑫ 専ら侵害関連通信に係るSMS電話番号

⑬ タイムスタンプ

⑹　侵害関連通信の解釈

　特定発信者情報を規定する総務省令2条にある通り，特定発信者情報は「専ら侵害関連通信」[11]に係るものに限られます。

　「侵害関連通信」はプロバイダ責任制限法5条3項[12]で定義されますが，詳細は総務省令5条[13]に委任されています。

　総務省令5条は侵害関連通信に関して，

---

①　侵害情報の送信より前のアカウント作成通信（1項）
②　ログイン通信（2項）
③　ログアウト通信（3項）
④　侵害情報の送信より後のアカウント削除通信（4項）

の4類型を定め，それぞれの類型について侵害情報の送信と「相当の関連性」を有する通信が発信者情報開示請求の対象となる侵害関連通信であるとしています。

　この「相当の関連性」について，原則として各類型において開示請求の相手方（≒CP）が当該開示請求を受けた時点で保有している中で，侵害情報の送信と時間的に最も近接する通信1つになると総務省は説明しており[14]，東京地裁保全部も同様の解釈を現時点で採用しています。

11　「専ら」については，省令制定のパブリックコメントなどを見ても特段の意味を持たないと理解して問題ありません。

12　法5条3項
　　前2項に規定する「侵害関連通信」とは，侵害情報の発信者が当該侵害情報の送信に係る特定電気通信役務を利用し，又はその利用を終了するために行った当該特定電気通信役務に係る識別符号（特定電気通信役務提供者が特定電気通信役務の提供に際して当該特定電気通信役務の提供を受けることができる者を他の者と区別して識別するために用いる文字，番号，記号その他の符号をいう。）その他の符号の電気通信による送信であって，当該侵害情報の発信者を特定するために必要な範囲内であるものとして総務省令で定めるものをいう。

⑺ 「相当の関連性」を拡大する

a 省令制定の経緯

　このように発信者情報開示請求の対象となる侵害関連通信について，基本的には侵害情報の送信と時間的に最も近接する通信が想定されています。

　しかし，ログインに用いられたIPアドレスから発信者を特定する作業は，必

13　（侵害関連通信）

　　第5条　法第5条第3項の総務省令で定める識別符号その他の符号の電気通信による送信は，次に掲げる識別符号その他の符号の電気通信による送信であって，それぞれ同項に規定する侵害情報の送信と相当の関連性を有するものとする。

　　1　侵害情報の発信者が当該侵害情報の送信に係る特定電気通信役務の利用に先立って当該特定電気通信役務の利用に係る契約（特定電気通信を行うことの許諾をその内容に含むものに限る。）を申し込むために当該契約の相手方である特定電気通信役務提供者によってあらかじめ定められた当該契約の申込みのための手順に従って行った，又は当該発信者が当該契約をしようとする者であることの確認を受けるために当該特定電気通信役務提供者によってあらかじめ定められた当該確認のための手順に従って行った識別符号その他の符号の電気通信による送信（当該侵害情報の送信より前に行ったものに限る。）

　　2　侵害情報の発信者が前号の契約に係る特定電気通信役務を利用し得る状態にするために当該契約の相手方である特定電気通信役務提供者によってあらかじめ定められた当該特定電気通信役務を利用し得る状態にするための手順に従って行った，又は当該発信者が当該契約をした者であることの確認を受けるために当該特定電気通信役務提供者によってあらかじめ定められた当該確認のための手順に従って行った識別符号その他の符号の電気通信による送信

　　3　侵害情報の発信者が前号の特定電気通信役務を利用し得る状態を終了するために当該特定電気通信役務を提供する特定電気通信役務提供者によってあらかじめ定められた当該特定電気通信役務を利用し得る状態を終了するための手順に従って行った識別符号その他の符号の電気通信による送信

　　4　第1号の契約をした侵害情報の発信者が当該契約を終了させるために当該契約の相手方である特定電気通信役務提供者によってあらかじめ定められた当該契約を終了させるための手順に従って行った識別符号その他の符号の電気通信による送信（当該侵害情報の送信より後に行ったものに限る。）

14　総務省総合通信基盤局消費者行政第二課『プロバイダ責任制限法〈第3版〉』（第一法規，2022）330ページ

ず成功するわけではありません。AP側で通信記録が消去されてしまっていたり，発信者の特定のためにCP側でも記録していない情報が必要になったりする場合もあります。時間的最近接通信が必ず発信者に到達し得る通信であればよいのですが，現実にはそうではないのです。

　大きな問題としてソーシャルログインがあります。発信者情報開示請求の対象となる各種SNSアカウントは，そのアカウントを用いて他社のサービスへログインをするソーシャルログインと呼ばれる使い方もされています。ソーシャルログインの場合，ログイン通信はソーシャルログイン先のサーバーとの間でなされることになりますが，ソーシャルログイン先で発信者に到達可能なログが確保されていないことが通常です。要するにソーシャルログインのログからは発信者に到達することは不可能か非常に困難と言えます。

　このため，発信者情報開示の対象となる侵害情報の送信に最も近い時刻になされたログインがソーシャルログインであった場合には，時間的最近接通信の開示を受けても，発信者に到達することが不可能となってしまうという大きな問題があります[15]。

　このソーシャルログインの問題については，省令制定段階から総務省にも迷いが見られ，「相当の関連性」という文言は，総務省令案に対するパブリックコメント段階での批判的指摘を受けた修正の結果として採用された文言です。

　総務省令の当初の案では，「相当の関連性」ではなく，「侵害情報の送信の直近」という表現になっていましたが，パブリックコメントに寄せられた意見への回答として「『直近』とは，特定電気通信役務提供者が通信記録を保有している通信のうち，たとえば，侵害情報の送信と最も時間的に近接して行われた通信等が該当し，当該通信記録が一定期間より前のものであることだけを以て

15　現行法の施行前は開示対象となるログイン通信の定義がなく，およそ保有しているすべてのログイン通信が開示され，情報開示を受けた開示請求者が全部のログの中から発信者に到達可能なものを選定していました。「相当の関連性」要件により開示対象が限定されることで，ログイン情報から発信者に到達できる可能性が低下したという問題も指摘されています。

一律に直近性が否定されるものではありません。こうした点などを明らかにするため，『送信の直近に行われたもの』を『送信と相当の関連性を有するもの』に修正します」との説明が述べられ，現在の表現に修正されています[16]。

　また，総務省令制定後に刊行された総務省による逐条解説[17]でも，侵害情報の送信と一定期間が空いていることの一事をもって「相当の関連性」は否定されないことや，時間的に最も近接する通信1つに限定すると発信者に到達困難であり特定発信者情報の開示請求権を創設した趣旨に反する場合には，例外的に最近接通信以外の通信も「相当の関連性」を有する場合があることが述べられています。

b　関連電気通信役務提供者に対する裁判例

　そして，関連電気通信役務提供者に対する開示請求の裁判例においては，侵害情報の送信と時間的に最も近接する通信ではなく，間に他の通信が介在する場合であっても「相当の関連性」が認められています。

　ア　知財高判令和4年12月26日／令和4年（ネ）10084号

　旧法下においてTwitterより開示を受けた大量のログイン通信をもとに，ログイン通信を媒介したアクセスプロバイダ（関連電気通信役務提供者）の1社に対して発信者情報開示請求がなされた事案です。訴訟の進行の途中で現行プロバイダ責任制限法が施行されたため，「相当の関連性」の解釈が問題になりました。

　判決では「ログイン情報に係る送信と侵害情報に係る送信とが『相当の関連性』を有するか否かは，当該ログイン情報に係る送信と当該侵害情報に係る送

16　2022年5月27日「特定電気通信役務提供者の損害賠償責任の制限及び発信者情報の開示に関する法律施行規則案」に対する意見募集結果　考え方6−2

17　総務省総合通信基盤局消費者行政第二課『プロバイダ責任制限法〈第3版〉』（第一法規，2022）330〜331ページ。特に同書の脚注17では，このような法の趣旨に反する具体的場面としてソーシャルログインが挙げられている。

信とが同一の発信者によるものである高度の蓋然性があることを前提として，開示請求を受けた特定電気通信役務提供者が保有する通信記録の保存状況を踏まえ，侵害情報に係る送信と保存されているログイン情報とが開示可能な範囲内で最も時間的に近接したものであるかなどといった諸事情を総合勘案して判断されるべき」，「控訴人に割り当てられた73個のIPアドレスのうち，保存期間が経過しておらず，発信元IPアドレス，接続先IPアドレス，タイムスタンプ等により通信記録として特定可能であるとの控訴人の答弁を受けて特定されたものであって，本件投稿時から4か月が経過しているものの，本件投稿とは開示可能な範囲内で最も時間的に近接したものであるということができる」と，発信者情報開示請求が認められています。

　この事案は，Twitterが開示したログイン通信のうち侵害情報の送信と最も時間的に近接する通信についてはアクセスプロバイダの通信記録が消去済みであり，Twitterが保有するログのうえでは，最近接通信ではないログインについても，アクセスプロバイダが「開示可能な範囲内で最も時間的に近接したものである」として開示が認められたものです。

　イ　東京地判令和5年1月31日／令和4年（ワ）21198号
　同じくTwitterより開示を受けたログイン通信をもとに，当該ログイン通信を媒介したアクセスプロバイダに対して発信者情報開示請求がなされた事案です。
　「ログインに係る送信と侵害情報の送信とが相当の関連性を有するか否かは，当該ログインに係る送信と当該侵害情報の送信との時間的近接性，当該ログインに伴って行われた投稿内容と当該侵害情報の内容の一連性ないし一体性の有無のほか，当該侵害情報の発信者を特定する他の手段，方法等の有無を総合考慮して判断すべきと解するのが相当である」との解釈が採用されました。
　東京地判令和5年1月31日は，結果として最近接通信のみが侵害関連通信と認められた事案ですが，「相当の関連性」を前記の通りに解しており，最近接通信以外のログイン通信が，少なくとも補充的には侵害関連通信に該当することを前提にしています。判決中でも他のログイン通信について「相当の関連

性」を否定するために，「本件ログイン5に係る発信者情報の開示を認めることにより，本件投稿者を特定することは可能であることからすると，これらのログインに係る送信と本件ツイートの間に相当の関連性があるとは認められない」と最近接通信の送信者を開示することで発信者の特定が果たされる点が理由として挙げられています。

c　実務的な対応

このような省令制定経緯と裁判例を見ますと，旧法下のように大量のログイン記録の開示を受け，その中から可能性の高い通信を選ぶことは不可能としても，ソーシャルログイン等の発信者に到達することが困難な通信については「相当の関連性」の判断において除外することも可能と考えられます。

また，そのような解釈を前提にコンテンツプロバイダから開示された侵害情報の送信と時間的に最も近接するとは言えないログイン通信を媒介したアクセスプロバイダが関連電気通信役務提供者として発信者情報開示義務を負うと解することも可能と言えます。

最近接通信が，ソーシャルログインやボットによるアクセスのためのログインといった，発信者に到達することが困難なものである場合には，特定発信者情報開示請求権の趣旨に鑑み，その次に近接する通信が「相当の関連性」を有する通信になると解すべきです。

しかし，このような解釈を取る場合，何がソーシャルログインなのか，そしてそれを誰が判断するのかという大きな問題が残ります。

最近接通信がソーシャルログインであるか否かは，実際に開示がなされ，次のステップであるログイン通信を経由させた関連電気通信役務提供者に対する開示請求に進んでみなければ，誰にも判断できません。ログインに用いられたIPアドレスが，ソーシャルログインを用いたサービスに利用されることの多いクラウドコンピューティングサービスを運営する企業が利用するIPアドレスである，などある程度予測がつく場合もありますが，これに関してもIPアドレス利用者をCPが調べたうえで「相当の関連性」の範囲を判断するような手続も

ありません。そのため，実際のログイン記録を確認しながら，この通信はソーシャルログインだから除外して，次に近いところについて開示する，といったことは不可能です。

　結局のところ，CP段階では「相当の関連性」を有する通信かもしれないし，有しない通信かもしれないという状態で，開示をせざるを得ず，最終的には第二段階であるAPに対する開示請求における関連電気通信役務提供者該当性の判断においてこれが決することになります。

　現行法でも可能な現実的な対応として，このような判断の不可能性を根拠に最近接通信の前後数日間の幅で発信者情報開示の対象にするという方式があり，少ないながら裁判上認められた実績があります。

　発信者情報開示請求の対象としているアカウントについて，ソーシャルログインにも用いられるものであり，時間的に最も近接する通信1つに限定してしまうと特定発信者情報の開示請求権を創設した趣旨に反する可能性があること，そして開示請求を受けるまではソーシャルログイン等の発信者に到達困難な通信を除外することは不可能であることを主張してゆくことになります。

5　関連電気通信役務提供者に対する発信者情報開示請求権

(1)　関連電気通信役務提供者

　関連電気通信役務提供者とは，侵害関連通信を経由した経由プロバイダのことで，法5条2項によって定義されています。

　従来のプロバイダ責任制限法では，権利侵害通信が開示請求の対象であり，開示義務を負う者も権利侵害通信に関与した者に限られていました。Twitterなどログイン型ウェブサイトに対するログイン情報の開示請求については，法解釈によってこれを認めるのが定着していましたが，ログイン情報を経由しているに過ぎない経由プロバイダが開示義務を負うのかについては裁判例も分かれており，これを認容する裁判例も理由付けにはかなり苦労している面がありました。

　そこで，2022年10月1日施行の現行プロバイダ責任制限法では，侵害関連通信に関する特定発信者情報の開示請求権を新たに創設するのに合わせて，侵害関連通信を媒介したことをもって権利侵害通信には何ら関与しなくても発信者情報開示義務を負うことを法律上明記しました。この侵害関連通信の用に供される電気通信設備を用いて電気通信役務を提供する者が「関連電気通信役務提供者」です。

　「関連電気通信役務提供者」は「特定電気通信役務提供者」（法5条1項に定義，侵害通信の用に供される電気通信役務を提供する者，改正前からの開示関係役務提供者）と併せて，発信者情報開示事務を負う開示関係役務提供者となりました。

(2)　適用場面

　このように，法5条2項の関連電気通信役務提供者に対する発信者情報開示請求権は，旧法において関連電気通信を媒介したに過ぎない通信事業者に開示義務を負わせることの条文上の困難性を乗り越えるために創設されたものです。

　現行法でも権利侵害通信を媒介せず侵害関連通信のみを媒介したものは，法5条1項が規定する「当該特定電気通信の用に供される特定電気通信設備を用いる特定電気通信役務提供者」には当たらず，同項に基づく発信者情報開示請求の相手方とはできず，こちらの法5条2項が適用となります。

　具体的には，第一段階の開示請求であるCPより特定発信者情報を開示され，侵害関連通信に用いられたIPアドレスを管理する通信事業者として特定されるAPを相手に二段階目の開示請求を行う場合です[18]。

(3)　要　件

　実質的な要件としては，一般発信者情報の開示請求権と差はありません。

18　二段階目の開示請求は，相手とするAPごとではなく，一段階目にいかなる情報の開示請求をしているかによって変わります。

　形式的ですが，唯一の変更点としては，開示関係役務提供者該当性において，開示請求の相手方が侵害関連通信を媒介した「関連電気通信役務提供者」として開示関係役務提供者に含まれることが要件になります。

【関連電気通信役務提供者に対する開示請求の要件】
① 「特定電気通信」による情報の流通がなされた場合であること
② 当該情報の流通によって自己の権利が侵害されたことが明白であること
③ 発信者情報の開示を受ける正当な理由が存在すること
④ 発信者情報の開示を求める相手が「開示関係役務提供者」であること
⑤ 開示を求める情報が「発信者情報」に該当すること
⑥ 上記発信者情報を開示関係役務提供者が「保有」していること

---

(4) 効　果

　関連電気通信役務提供者に対して開示請求ができる発信者情報は，一般発信者情報と特定発信者情報の両方です。もっとも，一般的には発信者の住所氏名といった一般発信者情報の開示を受けることになる場面が多いと思われます。

6 発信者情報開示命令

(1) 発信者情報開示専用の新たな裁判手続

　発信者情報開示請求権は実体法上の請求権です。よって，裁判を利用せずに直接，開示関係役務提供者に対して権利を行使することもできますし，訴訟や民事保全など，民事上のあらゆる裁判手続を活用することができます。

　もっとも，発信者情報開示請求権を行使して実際に発信者を特定するためには，複数の相手に対する発信者情報開示請求が必要であったり，裁判での主張立証以外にも通信を経由したプロバイダを調べるための作業が必要であったりなど，他の請求権とは異なる面もあることから，プロバイダ責任制限法は「発信者情報開示命令」という，発信者情報開示請求権を行使するための専用の裁判手続を創設しました。発信者情報開示命令は，非訟事件手続法が適用される

非訟手続として行われます。

⑵　基本事件となる「発信者情報開示命令」と付属する２つの命令

a　発信者情報開示命令

　発信者情報開示命令は，「裁判所は，特定電気通信による情報の流通によって自己の権利を侵害されたとする者の申立てにより，決定で，当該権利の侵害に係る開示関係役務提供者に対し，第５条第１項又は第２項の規定による請求に基づく発信者情報の開示を命ずることができる」というものです（法８条）。

　非訟手続で行われる手続ではありますが，実体法上の要件に変わりはなく，実務上は，民事保全で発信者情報開示請求を行う場合と同じくらいのスピード感で，なおかつ民事保全で要求される保全の必要性が不要となったような感覚です。改正前の手続と比べると訴訟よりも圧倒的に早く，かつ民事保全では保全の必要性の要件を欠く[19]ために請求ができなかった発信者情報も請求できます。

　他方で，命令の発令後，確定までに30日間の異議期間があり，その間は執行ができないという点と，削除請求が併合できないという点は民事保全に劣ります。

b　発信者情報開示命令に付属する提供命令

　ア　提供命令の効果

　発信者情報開示命令事件の手続において，従来の制度と大きく異なる点として，「提供命令」（法15条１項・２項）があります。

　提供命令は，「他の開示関係役務提供者の氏名等情報」を申立人に提供する

19　CP→APと二段階で開示請求をするため，AP段階でのログ保存期間中に迅速にCPに対する発信者情報開示請求の結論を出さなければならないことから，改正前はCP段階では民事保全が活用されていました。なお，AP段階にはそのような緊急性はなく民事保全は利用できず，またCP段階でも，電話番号のように保存期間の制限がない発信者情報については民事保全による請求は認められていませんでした（現行法でも同様です）。

よう求めるという，改正法で新設された命令です。命令を受けたCP等が自ら後述するwhois等を用いてAPを調査し，当該調査した結果として判明した情報を申立人に提供します。なお，提供命令の発令主体は「本案の発信者情報開示命令事件が係属する裁判所」とされており，あくまでも付随的な申立てとなっています。

　提供命令が決定された場合，申立人にはAPの情報（氏名または名称および住所，「他の開示関係役務提供者の氏名等情報」と定義される）が提供され，これにより，申立人である開示請求者は，IPアドレス等の情報を得なくても次に開示請求を行うべきAPを特定することができます。

　そして，提供命令によって「他の開示関係役務提供者の氏名等情報」（APの情報）の提供を受けた申立人がAPに発信者情報開示命令の申立てをし，その旨をCPに通知したときは，CPはAPに対し，「当該開示関係役務提供者」（CP）が保有する発信者情報を提供します（法15条1項2号）。

　このため，提供命令を利用する場合には，CPが保有する発信者情報は開示請求者ではなくAPに対して直接提供されることになります。また，提供命令によるCPからAPに対する発信者情報の提供は，あくまで発信者情報開示命令手続の中で行われます。このため他の開示関係役務提供者の氏名等情報として開示されたAPに対して，裁判外での発信者情報開示請求等，発信者情報開示命令以外の申立てを行うことはできません。

　実務上，CPからの発信者情報開示の後，APにアクセスログが残存しているかの確認の趣旨で裁判外の開示請求を行い，発信者情報の保存がなされたのちに訴訟を提起するという運用が改正前はとられていましたが，この方式は提供命令を用いる場合には使えないことになります。

　なお，発信者情報開示命令に提供命令を付随させるか否かは，申立人が自由に選択することができます。

　イ　提供命令の要件
　このように，提供命令の効果はあくまで他の開示関係役務提供者の情報が提

供されるにとどまり，実際に発信者を特定するための前提として発令される命
令です。そのため，提供命令は発信者情報開示請求権の実体的要件を満たさず
とも発令が可能です。

　提供命令を発令するための要件は「発信者情報開示命令の申立てに係る侵害
情報の発信者を特定することができなくなることを防止するため必要があると
認めるとき」（法15条１項）であり，要するに必要性のみで発令されます。権
利侵害の明白性も不要で，実務上は提供命令の申立てがあれば，特に内容の審
理には入らず形式的な面を確認しただけで発令に進みます。

　提供命令によって提供される他の開示関係役務提供者も手続に参加したとこ
ろで，まとめて権利侵害の明白性などを審理し，発信者情報開示命令もまとめ
て発令することが想定されています。

　ウ　「通常型」と「イ号限定型」
　提供命令には「通常型」と「イ号限定型」があります。
　法15条１項１号は提供命令の効果として，保有する発信者情報から判明する
ときは他の開示関係役務提供者の氏名等情報を提供せよ（同号イ），わからな
いときはわからないと回答せよ（同号ロ），と２パターンを定めます。

　イおよびロどちらかを履行せよと命じるのが「通常型」の提供命令，イに限
定して履行せよと命じるのが「イ号限定型」の提供命令です。

　通常型の場合，可能なら提供を，不可能なら無理と回答しろという条件付き
で義務を課すものですので，相手方が発信者情報を保有しているかどうか，他
の開示関係役務提供者の氏名等情報を提供できるかどうかは関係ありません。
無理なら断っていいからねとお願いするようなものですので，実際に可能かど
うかを事前に相手方に確認することも不要です。このため通常型の提供命令に
は執行力がなく執行文付与もできません。

　実務上は，相手方の意見聴取を何ら経ることなく，申立人からの申立てのみ
で通常型の提供命令は発令されます。相手方の立場からすると，いきなり提供
命令書が届くことになります。

　他方で，イ号限定型は，相手方が他の開示関係役務提供者の氏名等情報を提供することが可能であることを確認したうえで，不可能なので回答しないというロ号の可能性を潰してから発令する類型です。イ号限定型の提供命令は，相手方に発信者情報の保有状況について調査をさせ，実際に他の開示関係役務提供者の氏名等情報を特定するに足りる情報を保有していることを事実認定したうえでなければ発令できません。

　このため，相手方に対しては申立書の副本も送付し，期日が開催されたうえで提供命令の発令に進むことになります。

c　消去禁止命令

　発信者情報開示命令に付随するもう1つの申立てとして，発信者情報の消去禁止命令があります（法16条）。

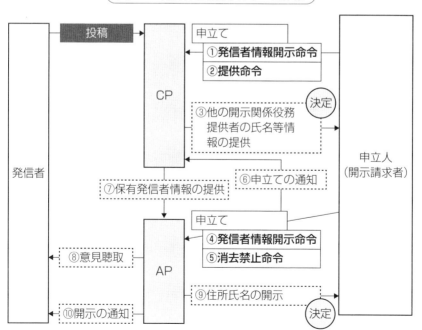

図表5　発信者情報開示命令の全体像

　これは，発信者を特定することができなくなることを防止するため，発信者情報開示命令事件が終了するまでの間，保有する発信者情報の消去の禁止を求めるものです。改正前から実務上行われていた発信者情報消去禁止仮処分の，発信者情報開示命令版の命令です。

　消去禁止命令も「本案の発信者情報開示命令事件が係属する裁判所」に対してのみ申立てが可能で，あくまでも付随的な申立てであり，単独で申し立てることはできません。

Point

Q ダブルトラック問題

　総務省が設置した発信者情報の在り方に関する研究会におけるプロバイダ責任制限法改正の議論の中で発信者情報開示命令手続の創設が総務省より提案された際，当初は実体法上の請求権に「代えて」発信者情報開示命令を導入するとされていました。

　しかし，新設する発信者情報開示命令制度の実効性が不明な状態で，従来可能であった手続をすべて廃止するということへの危険性や不安が研究会の委員から指摘され，最終的には「実体法上の請求権を存置しこれに『加えて』非訟手続を新たに設ける」形で導入が決まりました。

　したがって，訴訟や民事保全という従前からの手続と発信者情報開示命令手続は併存することとなり，請求する者がいずれかの手続を自由に選択することができます。

　ただし，既存手続における本案訴訟と，発信者情報開示命令事件における異議の訴えの双方が係属する事態になった場合には二重起訴に該当するという問題はあり，この場合，後訴が却下されます。

第 3 章

発信者情報開示請求の流れ

　ここでは，実際の発信者情報開示請求の流れを理解しましょう。わかりやすいように，ある企業がインターネット上で事実無根の誹謗中傷を受けた事案を想定して解説します。

　なお，発信者情報開示請求を行う場合，法律のみを見て手続を進めることは得策ではありません。「名誉毀損だ」「権利侵害だ」と法的見解を振りかざして威圧的に対応する例も散見されますが，それでは問題の解決は遠のくだけです。

　必ず心に留めていただきたいことは，削除や発信者情報開示を求めていく相手方であるサイト管理者やプロバイダ等は，侵害情報の流通について直接的な責任はないということです。そうであるにもかかわらず，管理者は請求者のために作業をしてくれているのです。

　特別な事情がない限り，管理者等を加害者と同視するような態度は厳に慎みましょう。

1　初動対応

場面 1 ：問題の発見と弁護士への相談

2 月 1 日

　Uパン株式会社はパンの製造販売を行っている従業員100人程度の企業です。A社長こだわりの，国産のブランド小麦100％使用の高級パン「Uパン」の売上げが好調で，最近はテレビ番組にも何度も取り上げられ，高級レストランへの出荷やネットショップで全国販売を行うなど業績を拡大しています。

　ところが，今年に入りどうも「Uパン」の売上げがネットショップ経由を中心に落ち込んでいます。原因を調べているうちにインターネット上で根も葉もない悪口を言われているのを発見しました。

　内容としては，「Uパン」に使用している小麦が本当は外国産だとか，A社長が過去に罪を犯したとかです。

困ったA社長は知り合いのB弁護士に相談をするため電話をかけました。

（中略）

A社長　「……という状態なんですよ，何とかなりませんか？」

B弁護士　「まず，具体的な書き込みを見てみないと何も判断できないのですが，その記事のURLはわかりますか？」

A社長　「URL？」

B弁護士　「では，サイトの名前とか，どのキーワードで検索して見つけたとかを教えてください」

（中略）

B弁護士　「確認できました。2023年の1月15日から30日あたりに，いくつかのサイトに書かれたみたいですね。準備しておきますので，明日の午後3時に事務所に来てください」

1 URLの確認

　誹謗中傷などインターネット上で問題のある記述を発見した場合，まず一番にすべきことは，その対象記事のURLを確認することです。これは弁護士が依頼を受ける場合でも，弁護士に頼まず被害者自身が対応する場合でも同じです。

　URLとは，「Uniform Resource Locator」の頭文字をとった用語で，インターネット上に存在する情報の位置を示す技術方式のことです。「Google Chrome」や「Microsoft Edge」「Safari」など，ウェブページを閲覧するためのアプリケーション（＝ブラウザ）を使っているときに表示されるアドレスバーに表示される「http」から始まる文字列がURLです。

　なお，SNSの専用アプリなどもブラウザの一種ですが，URLを表示させる箇所を持たないアプリも増えてきました。代表的な例ではTwitterのスマートフォンアプリは，URLの表示箇所がありません。このようなアプリで問題のある記事を見つけた時には，「共有」の機能を用いるなどして，対象記事のURLを取得することが必要になります。

　URLを最初に確認すべき理由は2点あります。1つはURLを出発点にして，この先の手続のために必要となるいろいろな調査が行えること，もう1つは実際の書き込みの現物を確認できることです。

2 投稿時期の確認

　発信者情報開示請求を行いたいと考える場合，投稿時期は非常に重要です。
　発信者特定の枠組みについては，サイトの管理者が保有している発信者の登録情報を入手する場合と，アクセスログを逆にたどる方法がありますが，アクセスログについては長期間保存されているものではありません。
　現在の法律では，アクセスログの保存期間に関する法律上の規定はなく，通信から一定期間を経過するとアクセスログは消去されてしまいます。このため，投稿時から期間が経過するにつれアクセスログからの発信者特定は困難となってゆきます。
　具体的な目安としては，国内の大手のインターネットサービスプロバイダの場合，通信から3カ月から6カ月でアクセスログが消去されます。サイト管理者が記録するサーバー側のアクセスログはより長期間保存されているケースもありますが，サーバー側のログだけでは発信者の特定には至りません。
　投稿から時間が経過している場合には，アクセスログをたどることが非常に難しくなり，別のルートからの発信者特定の可能性を探ることになり，技術的に不可能という結論にならざるを得ない場合も多くあります。また，投稿からの時間経過は，この先の手続の時間的余裕を考えるうえでも必須の要素です。方針とスケジュールの立案のために，投稿日時は早めに確認をしておきましょう。

3 管理者の調査

場面2：対象記事の確認と，管理者の調査

A社長との電話で確認できた対象記事は次の2種類でした。

① 掲示板型のサイト「C」に開設された『国産小麦100％Uパンを語るスレ』というページの
・「元従業員だけど，Uパンの使ってる小麦はほんとは国産じゃなくて安い中国産」
・「まずい，ミーハーが情報を食ってるだけ」

② SNS「T」で「元パン屋」というハンドルネームのユーザーが発信している投稿
・「社長はヤクザみたいに柄が悪い。今は知らんけど，俺が居た頃は社長がバイトを殴ったりしてた」
・「残業代出なかったので辞めた」

B弁護士は，電話を切った後，実際にサイトを見ながら方針の検討を始めます。

まず，①の「C」については，初めて見るサイトですが，よく読んでいくと，食料品に関する話題を取り扱う電子掲示板サイトの中にある1つのスレッドのようです。トップページを確認すると，掲示板サイトの運営は「Cコンテンツ株式会社」と記載されています。また，ウェブサイトのサーバー管理者を調べてみたところ，「Sサーバー株式会社」であることが判明しました。

②のSNS「T」については，メールアドレスや電話番号を入力してアカウントを開設したうえで利用するSNSです。利用規約のページなどを確認すると，米国企業「T,Inc.」が運営するサイトであることがわかります。

※SNS「T」は，現実に存在する多くのSNSと同様，個々の情報発信についての通信記録は保存しておらず，アカウントへのログイン記録に関する通信記録を保存する仕様とします。

(1)　管理者の種類

　問題となる記事のURLが確認できたら，実際にそのURLにアクセスして，対象の書き込みやサイトの他の箇所を見てゆきます。

　インターネット上でなされる情報発信によって被害を受けたとき，発信者情報開示請求までは行わず，削除請求のみを行う場合もありますが，いずれにしても対象の記事が掲載されているサイトの管理権限を持っている者に対して何らかのアプローチをしてゆくことになります。記事の削除も発信者に繋がる情報の開示も，原則としてこの管理権限が必要になるからです。

　そこで，URLの確認の次の作業として，管理者の調査を行います。

　なお，ウェブサイトに用いられているシステムの管理を行っているのは必ずしも１人ではありません。事例のケースでも，掲示板サイトを運営している会社と，その掲示板サイトのデータが保存されているサーバーの管理会社は異なっています。サーバー管理者は，サイトの内部について細かい操作ができないことが多く，サイトに直接触れることのできるサイト管理者を相手に法的な請求を行うのが原則ですが，サイト管理者が不明な場合やサイト管理者を相手取るのが不適切な場合もあり，念のためサイト管理者とサーバー管理者の双方を調査します。作業手順としては，まずはサイト管理者（サイト運営者）を調べ，次にサーバー管理者も調べるという流れが進めやすいでしょう。

　なお，サイト管理者やサーバー管理者等，ウェブサイト側のシステムを管理している立場の者を発信者情報開示の文脈では「コンテンツプロバイダ」（CP）と読んでいます。本書でもCPの表記を使用しています。

(2)　管理者の調べ方１：サイトをよく読む

　サイト管理者（サイト運営者）については，当然ですがウェブサイトの記載内容から読み取るのが基本です。

　ウェブサイトのトップページや各ウェブページの一番下の部分（フッターと呼ばれる部分です）に「運営者情報」「会社概要」「お問い合わせ」等が記載さ

れている部分があれば，そこをクリックしてください。多くの場合，サイト運営者の名称や連絡先が記載されています。住所などがわからなくとも，お問い合わせ用フォームやメールアドレスの記載があれば管理者宛に連絡をとることが可能です。

　また，「利用規約」の中に，運営者や法的問題が生じた場合の連絡先が記載されていることもあります。利用規約には削除基準等が明記されている場合もありますので，一読したほうが良いでしょう。

　運営者情報などのリンクがないページであっても，そのサイトのトップページまで戻れば情報が記載されていることもあります。たとえばYahoo!知恵袋であれば，PC用のURLは

https://detail.chiebukuro.yahoo.co.jp/qa/question_detail/qxxxxxx

といった表記になっていますが（xは数字），トップページのURLは

https://chiebukuro.yahoo.co.jp

です。前者の「/qa」から右をすべて削除してエンターキーを押せば，トップページが表示されます。このように，URLの後半部分をカットしてアクセスすることでサイトのトップを確認することが可能です。

⑶　管理者の調べ方２：whois検索を利用したドメイン登録者の調査

　ウェブサイトの情報をくまなく読み取ってもサイト管理者が判明しない場合は，技術的に調査をする必要があります。

　技術的調査のスタートは，ウェブサイトのドメイン（46ページ参照）について，その「whois情報」を確認するところから始めます。

　whois情報とは，ドメインやIPアドレスについての管理者の情報です。管理者の氏名（名称）や連絡先電話番号，住所などが登録されます。ドメインを取得する場合には，whois情報を登録する必要があります。そして，このwhois情報をデータベース化して検索できるようにしたシステムが「whois検索」です。電話番号を電話帳で探せば誰の電話番号かを調べられますが，インターネット上での電話帳に当たるものが「whois検索」だと考えてください。

　whois検索は，インターネット上で無料で提供されています。

　なお，whois情報は国ごと・種類ごとに管理されており，その検索システムであるwhois検索も大元のシステムは国ごと・種類ごとに提供されています。しかし，検索する前にどの検索システムを使用したらいいのかを逐一考えるのは不便です。そこで，各種のwhois情報を横断的に検索できるように整理したwhois情報の横断検索システムがインターネット上で多数，無料で提供されています。横断検索システムのデータは，大元のシステムからコピーしてきたデータです。そのため更新のタイミングなどによっては最新の情報ではない可能性があります。もし，データの正確性に疑義が生じた場合には，大元のシステムでの検索結果を確認するようにしてください。

　実際にwhois検索を使用するためには，検索エンジンで「whois」と検索するとwhois情報の横断検索ができるウェブサイトが複数表示されます。基本的にはどのウェブサイトを使用しても結果は同じですので，好みのサイトを使用していただければと思います。

　原則として，検索窓に対象のドメインもしくはURLを入力し検索を行うだけで結果を得ることができます。

　もっとも，ドメイン登録者の情報は，サイト運営者の情報と一致しているとは限らないという問題があります。たとえば，日本版グーグル検索のドメインである「google.co.jp」は，日本法人であるグーグル合同会社が登録者となっていますが，実際に検索エンジンを運営しているのは米国法人であるGoogle LLCです。

　また，個人でドメインを取得する場合など，住所・氏名の公開を望まない場合は，whois情報として代わりにドメイン取得代行業者の情報を登録するプライバシープロテクトサービス（whois情報公開代行サービス）が利用されることもあります。これを利用しているサイトに匿名掲示板の2ちゃんねるがあります。2ちゃんねるのドメイン「2ch.sc」をwhois検索しますと，「Whois Privacy Protection Service by VALUE-DOMAIN」と表示され，ドメインのwhois情報からはサイト管理者にたどり着けません。

Q 「ドメイン」とは

ウェブサイトのURLに含まれている「ドメイン」もIPアドレスと同じく "インターネット上の住所" と呼ばれています。

IPアドレスは，インターネットに接続する端末に割り当てられ，ネットワーク上で識別符号として機能しています。しかし，IPアドレスは無味乾燥な数字の羅列であり，非常に覚えにくいものです。ウェブサイトを閲覧する際，そのウェブサイトのデータがあるサーバーコンピューターのIPアドレスが必要となりますが，覚えにくい数字の羅列では大変です。

そこで考えられたのが，「ドメイン」です。ドメインは数字の羅列にすぎないIPアドレスを文字（アルファベットや最近では日本語のドメインもあります）に置き換えたものです。ブラウザでウェブページを閲覧しようとする際にアドレスバーに入力する「＊＊＊.jp」や「＊＊＊.com」の部分がドメインです。

ドメインもIPアドレスと同様，唯一のものであり重複はしません。ドメインの管理は，IPアドレスと同じくICANNが一元的に行っています。なお，特定のドメインの所有者・登録者やIPアドレスを誰が管理しているのかについて「whois情報」という情報の登録が行われており，インターネット上で公開されています。

⑷ 管理者の調べ方３：DNSと組み合わせたサーバー運営者の調査

ドメインのwhois情報を確認してもサイト管理者が判明しない場合，次の手段としてサーバー管理者を調べることになります。

サーバー管理者を調べるには，まずはサーバーに割り当てられているIPアドレスを調べ，そのIPアドレスを管理している者を調べるという手順を踏みます。

IPアドレスとはインターネットに接続するための識別符号であり，インターネットに接続している機械のすべてに付与されているものです。ですので，サーバーには必ずIPアドレスが付与されています。そして，IPアドレスについては，前述のようにその管理者情報がwhois情報として登録されていますので，これを調べることでサーバーをインターネットに接続している者，すなわちサーバーの管理者が判明するのです。

　まずサーバーのIPアドレスを調べる方法ですが，これはDNS（Domain Name System）の機能を利用して行います。数字の羅列であるIPアドレスは人間には覚えにくいため，これを人間にもわかりやすい文字列に置き換えるものがドメイン名です。この置き換えのためのドメイン名とIPアドレスとの対応づけを管理するために使用されているシステムがDNSです。

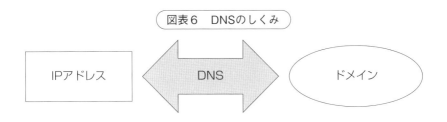

図表6　DNSのしくみ

IPアドレス　　　DNS　　　ドメイン

　DNSを利用してドメイン名からこれと対応するIPアドレスを得ることを「正引き」[1]といい，IPアドレスから対応するドメイン名を得ることを「逆引き」といいます。

　DNSの利用はWindowsのPCであればコマンドプロント機能で，「nslookup」コマンドを実行することで可能です。また，検索エンジンで「正引き」と検索すれば，ウェブ上でDNSの正引き機能を提供するサイトが多数ヒットしますので，これらのサイトを利用して行うことも可能です[2]。

　対象のウェブサイトのURLからドメイン名部分を選択し，これを正引きすればIPアドレスが得られます。このIPアドレスが，対象サイトのサーバーのIPアドレスです。

　ここまでくれば，whois検索を利用してドメイン登録者を調査したときと同じく，whois検索を利用してサーバーのIPアドレスの管理者情報を調べることで，サーバー管理者にたどり着きます。

1　「名前解決」ともいいます。

2　本文中の説明で，DNS？　コマンドプロント？　と初めて聞く単語ばかりであった方は，丁寧な利用方法の説明もあるのでネット上の正引きサイトの利用をお勧めします。

なお，IPアドレスのwhois情報については，ドメインとは異なりプライバシープロテクトのようなものはありません。

Point

Q サイト管理者の調査に便利なサイト

サイト管理者の調査に利用するサイト・ツールは検索エンジン等で好みのものを見つけていただければと思いますが，参考までにいくつかご紹介します。

1　whois横断検索が可能なサイト
　　合資会社アスカネットワークサービスが提供する検索サービス
　　　URL：https://ja.asuka.io/whois
　　株式会社シーマンが提供する検索サービス
　　　URL：https://www.cman.jp/network/support/ip.html
　　IPひろば
　　　URL：https://www.iphiroba.jp/

2　DNSの正引きが可能なサイト
　　株式会社ピーオーピーが提供するサービス
　　　URL：https://seo.atompro.net/seotoolfree_hosttoip_.html
　　株式会社シーマンが提供する検索サービス
　　　URL：https://www.cman.jp/network/support/nslookup.html

3　whois検索と正引きをまとめて行ってくれるサイト
　　ちなみに，筆者は方針立案のためのサイトの調査の段階では，アグスネット株式会社が提供している「aguse」（https://www.aguse.jp/）を主に利用しています。whois検索結果や正引きIPアドレス，そしてそのIPアドレスの管理者情報が1回の検索で得られるため，非常に便利です。

2　ウェブページの証拠化と証拠の保存

　法的対処を進めていく中で，問題のあるウェブページは比較的早い段階で削除が完了しますが，対象となるウェブページの削除が完了した後も手続は継続しますので，その後の手続に支障がないよう，削除請求をする前に必要な情報については保存しておかなければなりません。

1　最初の段階で証拠を保存しておく必要性

場面3：ウェブページの証拠化
2月1日
　A社長との電話が終わると，B弁護士は，「いつものようにウェブページを証拠として保存しておいてください」と事務局スタッフに指示しました。
　B弁護士の事務所では，問題のウェブページが削除されてしまっても手続に支障が出ないよう，以下の2通りの方法で保存をしています。
　①　プリントアウトした印刷物
　②　ブラウザで表示させた画面をそのまま画像として保存したデータ
　指示されたスタッフが順番に作業を行い，最終的にB弁護士がチェックしました。

　一般的なケースでは，ウェブページ自体の削除は1週間から1カ月で完了します。しかし投稿者を特定するには数カ月前後，投稿者に対する損害賠償請求はさらに時間が必要です。このようにウェブページ削除後も，発信者情報開示の手続や損害賠償請求を行う場合にウェブページの証拠が必要となります。よって，ウェブページの内容を証拠として保存しておくことも重要です。

　ウェブページを削除せずに発信者情報開示の手続や損害賠償請求を行うことは可能ですが，問題の情報をそのまま放置しておくメリットはありません。特別な事情がない限り，今後の手続に必要な証拠を保存し，初期の段階で削除請求も行います。

2 どのような情報を証拠として保存すべきか

　では，証拠を保存する際，どのような要素を証拠として残せばよいのでしょうか。証拠として残しておく必要があるのは以下の2つの要素です。

---

① 書き込みの存在およびその内容
② 書き込みがあったウェブサイトのURL

　書き込みの存在およびその内容は，権利侵害の事実を立証するために必要です。また，URLについてはウェブページの存在や特定のため非常に重要な事項であり，ウェブページの内容が問題となった裁判例[3]でも「インターネットのホームページを裁判の証拠として提出する場合には，欄外のURLがそのホームページの特定事項として重要な記載であることは訴訟実務関係者にとって常識的な事項である」と述べたうえで，ウェブページのURLが不明であった印刷物の証拠価値を否定しています。

3 保存する方法・手順

　前記の2つの要素を備えたうえ，事務処理の便宜の観点から，事例のようにプリントアウトした物ではなくデータ形式でも保存しておくことをお勧めします。ウェブページを証拠にする方法についてはいくつかありますが，結局は，何が必要かという観点から事案に応じて適切な方法を選ぶことになります。本節では，ウェブページを証拠として保存する方法について順に解説しますので，必要に応じてそれらを組み合わせて証拠を作成してください。

3　知財高判平成22年6月29日／平成22年（行ケ）10082号判例秘書登載。

⑴　印刷物として保存する

　これは，ウェブブラウザで問題のページを表示させ，プリントアウトし，その印刷された紙を証拠とする方法です。

　印刷する際には，上部（ヘッダー）や下部（フッター）の部分にページのURLが「http」から末尾の文字の部分までもれなく表示されるように注意してください。URLが長い場合には途中で省略されてしまう場合もありますので，用紙の向きを「横」向きにするなど工夫が必要です。

　なお，紙にプリントアウトするのと同じ要領で出力先をPDFファイルにすることも可能で，証拠化した後の利用を考えると，紙で出力するよりも有効です。特にPDFファイルの場合，テキストとしてコピー＆ペーストが可能になりますので，記事内容を引用しながら権利侵害の主張をするときなどに非常に便利です。

　また，ページ全体を出力する際，問題としたい対象の記事部分に広告のバナーがかぶってしまう，ページの切れ目でうまく表示されないといった不具合が出る場合があります。権利侵害において問題となる部分が正しく表示された状態で出力されたかを目視で確認することが重要です。

⑵　画面を画像として保存する

　ウェブブラウザで見ている画面自体を画像として保存する方法もあります。

　分量が多い場合には多少手間ですが，ウェブページを見たままの形で保存できますので，印刷すると表示がずれてしまうサイトなどには有効です。

　OSがWindowsであれば，標準搭載されている［Snipping Tool］を利用してスクリーンショットを作成することが可能です。［スタート］を選択し，「snipping tool」と入力して，結果から［Snipping Tool］を選択するか，ショートカットキー（Windowsロゴキー＋Shift＋Sキー）で，起動します。

　［Snipping Tool］が起動したら，画面上の任意の箇所をスクリーンショットとして切り取ることができますので，ブラウザで表示されているURL部分と

対象の表示画面が両方入るように切り取ってください。

⑶　動画で保存する方法

　「ブラウザにURLを入力し実行，するとこのページが表示された」というような，証拠となるウェブページを表示する一連の行動をすべてビデオカメラで撮影するなど動画で保存する方法も有効です。

　前述のSnipping Toolを使用した画像で保存する方法では，ウェブページの分量が多い場合には非常に手間がかかりますので，将来的にどの部分が問題となるかは不透明であるが念のため一通り保存をしておきたい，という場合に動画での保存が有効です。また，この方法は，URLやページの内容の偽装が行いにくいため，URLとの結びつきを強固に示すことができます。PCの画面で表示している内容をそのまま動画で保存することのできるフリーソフトなどもありますので，そのようなソフトを利用して動画を保存することも可能です。

⑷　削除してしまった，されてしまったページの内容の証拠化

　権利侵害に該当する多数の記事が掲載されているブログについて削除済みの過去記事の内容もふまえて損害賠償請求を行う場合や，ハイパーリンクが記載されている記事でリンク先の記載内容によって権利侵害か否かが変わるがリンク先はすでに削除済みである場合など，すでに削除済みのウェブページの内容が証拠として必要となる場合もあります。

　すべてのケースで可能なわけではありませんが，このように消去前に証拠が全く保存されていなかった場合でも，ウェブアーカイブを利用することでそのページの内容を確認のうえ証拠化できる場合があります。

　ウェブアーカイブとは，インターネット上のウェブサイトの情報を収集しそれを後世のために保存したものです。アメリカ合衆国の非営利団体であるインターネットアーカイブがウェブサイト上で提供しているWayback Machine（ウェイバックマシーン　URL：https://archive.org/）が最大規模のものとして有名です。ウェブアーカイブも完全にすべてのページを保存しているわけで

はありませんが，記録が残っていれば削除済みのページの内容についても裁判に証拠として提出することが可能です。

3 権利侵害性の検討

場面4：法律相談

2月2日

A社長　「いいパンを作ればきっと売れると思って頑張ってきて，ようやく売上げも伸びてきたというのに……」

B弁護士　「味が『まずい』などの個人の感想のようなもの（場面2の①の2つ目の投稿）は，法的には対応しにくいのですが，他の箇所は嘘だということが立証できれば発信者の情報開示もできると思いますよ」

A社長　「無理なものは諦めますが，とにかく誰が書いたのか調べたいです」

B弁護士　「中国産というのは全くの事実無根なのですね？　小麦の納品書とか証拠で出せますか？」

A社長　「はい，完全な嘘です。納品書も用意します」

B弁護士　「このSNSの【元パン屋】のほうはどうですか？」

A社長　「私はガラ悪くなんかないでしょう？　ひどい話です」

B弁護士　「いや，すいません，そこは正直どうでもよくて，客観的な事実が書いてある部分の，殴ったとか残業代未払いとかその辺が重要なのですが」

A社長　「残業代は払ってます。そもそもほとんど残業なんてないですし。殴ったというのは昔の話をしているようなのですが，いったい何のことなのか。とにかくバイトや社員を殴ったことはないです」

B弁護士　「あと，これがUパンのことだってどこかに出てますか？　ちょっとこの投稿だけだとわからないので補足が必要ですね」

A社長　「それは確か……少し前のこの辺の投稿に」

B弁護士　「わかりました。昔のできごとの客観的な証拠はなさそうですが，陳述書で何とかなるでしょう。発信者の特定を進めてゆきましょう」

A社長　「どのくらいかかりますか？」

B弁護士　「裁判をしないといけないのでそれなりに時間はかかります。ただ，従

> 来は半年から10カ月くらいかかっていましたが，2022年に施行された
> 法改正があり，もう少し早くなるケースも出てきました。サイトごとに
> ばらつきもありますが，3カ月から半年程度みてください」

発信者情報開示請求を行うためには，その対象とする記事の発信によって，何らかの法律上保護される権利や利益が侵害されていることが必要です。名誉権の侵害やプライバシー権の侵害などが挙げられますが，事例のＢ弁護士のように問題となりそうな権利侵害の類型を思い浮かべながら，要件判断に必要な事実を聴取・検討してゆきます。

また，発信者情報開示請求の場合，投稿された内容が虚偽であることを請求する側で立証しなければならない場合が多いため，どのような証拠が出せるかも併せて検討をしてください。

この段階で，権利侵害性を認めがたい投稿などは発信者情報開示請求の対象から外して，対象を精査してゆくことになります。発信者情報開示請求は時間との戦いとなることも多く，成功する可能性が高い記事に集中して迅速に進めることが重要です。

なお，この権利侵害性の要件などについて，拙著『インターネットにおける誹謗中傷法的対策マニュアル〈第４版〉』にて詳細を解説していますので，併せてお読みください。

4 戦略と手続の選択

場面５：手続の選択

Ｂ弁護士 「では，両サイトともに，まずは発信者の特定を進めてゆくということで，手続を進めてゆきましょう。Ｃコンテンツ株式会社を相手とするものと，T,Inc.に対するもの，２件ということでお請けいたしますね」

Ａ社長 「お願いします」

> B弁護士　「両社とも，管理者が任意に発信者情報を開示することはないと思いますので，発信者情報開示命令という裁判手続を行ってゆきましょう」

1　ルートと手続の種類

(1)　発信者特定に至るルート戦略

　何度か触れてきましたが，発信者の特定をするためには，まずはコンテンツプロバイダ（サイト管理者とサーバー管理者をまとめてこう表記します。以下，「CP」）が保有している情報を入手することがスタートとなります。

　このとき，CPから住所氏名という発信者を最終的に特定できる情報が開示されることもありますし，開示された情報だけでは発信者が誰かは全くわからないこともあります。どのような情報が入手可能かについては，相手とするCPやサイトの仕様，そして同じサイト内でも対象とするアカウントによっても変わってきます。

　いずれにしても，まずはCPに対して保有している情報の開示を請求することからスタートします。

　そして，管理者から入手可能な情報の種類によって，発信者に到達できるルートがいくつかに分かれてゆきます。手続の選択にも影響しますので，どのルートでの発信者特定を狙うのかは，開示請求に着手する前に戦略を立ててゆきましょう。

【3つのルート】

① 　CPが保有する契約名義情報を狙う

　通販サイトやレンタルサーバーなど，発信者とCPとの間に契約関係がある場合。契約名義を入手するだけで発信者が特定できるが，正確性が担保されない場合もある。

② 　電話番号（とメールアドレス）を狙う

　SNSなどのログインのために用いられる電話番号をCPから入手し，その電話番

号の契約者情報を弁護士会照会等を用いて入手し，発信者を特定する。投稿から時間が経過しても発信者特定がやりやすく，確実性も高いが，登録されているか否かはケースバイケース。メールアドレスについても，ISPが発行しているメールアドレスであれば同様の方法で特定が可能であるが，近年はGmail等のフリーメールの利用が広がっておりメールアドレスから発信者が特定できる場面は限定的。

③　アクセスログを狙う

　CPの保有するアクセスログと，APが保有するIPアドレスの割り当て記録を照合し，発信者を特定する。二者に対して裁判が必要ではあるが，通信記録の保存期間内であれば発信者の特定が可能な場合が多い。管理者が保持するアクセスログの種類により権利侵害通信が対象になる場合と，侵害関連通信が対象になる場合に分かれる。

(2)　利用可能な法的手続の種類

　そして，発信者情報開示請求権を行使する手続としては次のものがあります。

①　裁判手続を利用せずに行使する方法（裁判外請求）
②　民事保全を利用する方法
③　発信者情報開示命令を利用する方法
　ア　提供命令を活用する場合
　イ　提供命令を活用しない場合（単独型）
④　訴訟を利用する方法

　CP段階での手続の比較を表にすると次の通りです。

　このように発信者情報開示請求権は，実体法上の請求権ですので，民事上のあらゆる手続が利用可能です。

　しかし，手続のメリットとデメリットを検討し，発信者特定までのルート戦略も加味しますと，とるべき選択肢（手続と請求内容の組み合わせ）はいくつかのパターンに絞られてきます。パターンごとに順に検討してゆきましょう。

図表7　手続の比較

手続の種類	注意点	適したケース
裁判外請求	・応じるCPはほぼない ・時間切れのリスクが高く原則使わない	裁判外開示に積極的な一部のサイト
民事保全	・保全の必要性の問題で電話番号の開示はNG	発信者情報開示命令への対応が不明な相手 削除も同時に行いたい場合
発信者情報開示命令（提供命令型）	・提供命令への履行状況が不透明 ・削除請求ができない ・執行ができない ・AP段階でも発信者情報開示命令を強制される	提供命令に応じることが確実なCP AP段階でのログ保存期間が迫っている場合
発信者情報開示命令（単独型）	・削除請求ができない ・執行まで時間がかかる	基本的にはこの方式を第一の選択肢とする
本案訴訟	・電話番号ルートや一発開示ルートで活用可能だが期間が長くかかる	メリットがなく使用しない

2　本書が推奨する方式

　では，発信者特定までのルート戦略も考慮しつつ，最適な手続を考えてみましょう。

(1)　匿名掲示板型のサイトについて

a　検討の視点

　アカウント登録を要しない匿名掲示板の場合，掲示板管理者は発信者に関する情報は把握しておらず，投稿時（権利侵害通信）のアクセスログからたどってゆくしか方法はありません。

　この場合，管理者から取得したい情報は，権利侵害通信に関するIPアドレス，タイムスタンプが基本で，権利侵害通信時に取得されたポート番号等の他の情報も保有されている場合には，それらも請求してゆきます。

　これらの情報は民事保全の利用で請求することもできますし，発信者情報開示命令で請求することも可能です。いずれかの手続を選択することになります。

　他方で，裁判外請求や訴訟による請求も可能ではありますが，裁判外請求はこれに応じるサイト管理者が少ないうえ拒絶された場合にアクセスログの保存期間が経過してしまうリスクが高いことから，確実に裁判外請求に応じることがわかっている相手以外には利用は避けるべきです。また，訴訟に関しても，判決までの期間が長く，判決後にIPアドレスの開示を受けてもすでにアクセスプロバイダ側のアクセスログが消去されていることから，この段階の請求としては活用できません。

　民事保全か，発信者情報開示命令かについては，削除請求を同時に行う必要性が高いかどうかで使い分けをするのが良いでしょう。民事保全手続であれば，削除請求と発信者情報開示請求を同時に申し立てることができます。

b　匿名掲示板サイトの発信者特定の方式

　掲示板サイトについては，投稿時のIPアドレスというアクセスログから特定するルートとして，手続としてはCPに対するIPアドレスの開示請求を発信者情報開示命令（提供命令を付属させない）で行い，CPから開示されたIPアドレスを元に通信に用いられたAPを特定し，二段階目の開示請求として，APに対する発信者の住所氏名の開示請求を，発信者情報開示命令を用いて行う方式がお勧めです。なお，削除請求についても裁判が必要になるサイトなどの場合には，CPに対する請求は民事保全で発信者情報開示請求と削除請求を同時に行う方法となります。

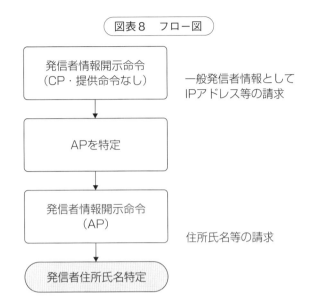

図表8　フロー図

発信者情報開示命令
（CP・提供命令なし）　　一般発信者情報として
　　　　　　　　　　　　IPアドレス等の請求

APを特定

発信者情報開示命令
（AP）

住所氏名等の請求

発信者住所氏名特定

⑵　アカウント登録が必要なサイトやSNS型サイトについて

a　検討の視点

　「Twitter」や「Instagram」などのSNSや，掲示板型であっても「Yahoo!ニュース コメント」のように投稿自体にアカウント登録が必要なタイプのサイトの場合，サイト管理者が発信者のアカウント情報として，メールアドレスや電話番号を把握している可能性があります。電話番号については，登録が可能なサイトや実際に登録しているアカウントが限られるところではありますが，登録さえあればアクセスログから発信者を特定するよりも，より確実かつ容易に発信者の特定が可能ですので，可能性があるならばぜひ活用したい情報と言えます。

　もっとも，電話番号が登録されているかは，多くの場合では実際に請求をしてみないと不明です[4]。そのため，アクセスログからの発信者特定のルートも保険として同時に行うのが安全です。

4　Yahoo!ニュース コメントのように，義務化されているサイトもあります。

　なお，アクセスログの開示請求を行う場合，権利侵害通信に関する発信者情報を取得するCPと，権利侵害通信に関しては発信者情報を記録せず，アカウントへのログインのための通信（侵害関連通信）を記録するCPに分かれます。権利侵害通信に関する記録が保有されている場合には一般発信者情報開示請求権を行使し，保有されていない場合には特定発信者情報開示請求権を行使することになります。

b　アカウント登録型サイト等の発信者特定の方式

　電話番号の登録可能性があるサイトの場合には，アクセスログからの発信者特定と電話番号からの発信者特定を同時並行で進めるため，まずはCPに対するIPアドレスと電話番号および電子メールアドレスの開示請求を発信者情報開示命令（提供命令を付属させない方式）で行います。

　そして，CPから開示された情報に応じて電話番号が開示されれば，電話番

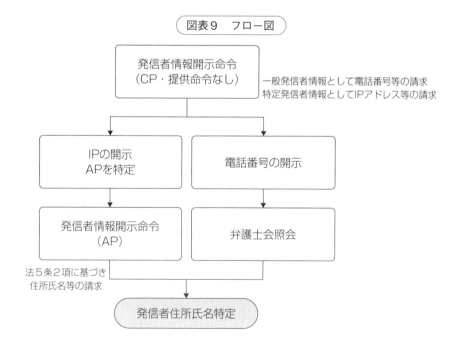

図表9　フロー図

号キャリアに対して契約者情報の開示請求（弁護士会照会を利用します。詳細は93ページ）を，IPアドレスについては通信に用いられたAPを特定し，二段階目の開示請求としてAPに対する発信者の住所氏名の開示請求を，発信者情報開示命令を用いて行う方式が最適と思われます。電話番号が開示された場合には，その契約者情報を明らかにすれば発信者の特定は基本的には完了することから，IPアドレスから特定するAPに対する二段階目の開示請求は必ずしも行わなくても問題ありません。

(3)　レンタルサーバーやECサイトの場合

　サーバー契約者やECサイトの顧客情報の開示によって発信者の特定を行う場合も，登録情報の真実性が担保されないことから，アクセスログからの特定ルートも併用することになります。

　そのため，SNS型サイト同じく，まずはCPに対するIPアドレスと契約者情報（住所・氏名・電話番号・メールアドレス）の開示請求を発信者情報開示命令（提供命令を付属させない方式）で行います。

　CPから開示された住所氏名が実在しないものや，不十分であった場合には他の開示情報から追加の情報開示請求を行ってゆきます。電話番号が開示された場合には電話番号契約者情報を弁護士会照会で行う，IPアドレスが開示された場合にはAPに対する二段階目の発信者情報開示命令を申し立てることになります。

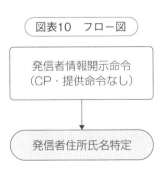

図表10　フロー図

発信者情報開示命令
（CP・提供命令なし）

発信者住所氏名特定

3 提供命令は非推奨

　このように，発信者情報開示請求においては基本的には発信者情報開示命令が最適な手続であり，この手続に問題がある場合や他の手続がより適していることが明らかなケースについては，他の手続を利用することを本書では推奨します。

　もっとも，CPに対して発信者情報開示命令を申し立てる際に提供命令については付属させないほうが良いケースが多いと思われ，本書ではCP段階については提供命令の申立てを標準的な手続としては推奨しません。

　提供命令は，CP段階・AP段階を一体的に審理することで迅速化を図る制度ですが，海外CPを中心に，提供命令発令後のCPがAP情報を実際に提供するまでの期間が長期化するケースが多く，分割して順番に申し立てた場合と迅速性に違いはそれほど生じないことから，デメリットのほうが大きくなる場合が多いためです。

　提供命令のデメリットとしては，電話番号を求める場合に電話番号の開示命令がAP段階まで後ろ倒しになってしまうこと，アクセスログがCPとAP間でやり取りされ裁判外の開示請求によってひとまずAP段階のアクセスログを確保するなどの裁判前の暫定的な措置[5]がとれないことなどが挙げられます。

　もっとも，提供命令が適しているケースもあります。電子掲示板型のサイトで提供命令に迅速に従うことが明らかな相手の場合には，権利侵害の明白性の審理を省略してAPが発信者情報を確保するところまで進めることができ，分

5　改正前は，APが明らかになった段階でまずはログの保存のために暫定的な請求を行い，ログが確保されたAPについては訴訟を提起するために訴訟用の弁護士費用を請求するという弁護士が多かったと思われますが，提供命令を用いた場合にはログが残存しているか否か不明な状態でAPに対する発信者情報開示命令の申立てを行わざるを得ない（ログが残存していない場合にも裁判前提の弁護士費用が発生する）という問題があります。

割して申立てを行うよりもログ確保の確実性が高まります。また，権利侵害の明白性が微妙なラインの投稿については，CP段階とAP段階で2名の異なる裁判官の審理を潜り抜けるよりも，1名の裁判官の判断に賭けたほうが認容可能性が高い場合もあると思われます。

　提供命令については，原則的な手法ではなく，提供命令を活用するメリットが明確に見えるケースに限って活用してゆくのが現時点では良いのではないでしょうか。

4　消去禁止命令の活用場面は限定的

　発信者情報開示命令申立事件で付随的に利用できる発信者情報消去禁止命令ですが，現時点では活用は非常に限定的です。

　改正前実務で行われていた消去禁止仮処分[6]を発信者情報開示命令にも導入したものですが，発信者情報開示命令が申し立てられ開示関係役務提供者の側で発信者情報の保有確認が行われれば，その時点で開示関係役務提供者は発信者情報を保存します。すでに開示対象の情報として抽出していますので，期間が来たから自動で消去されるという性質ではなく，あえて削除するという行為が介在しない限りは消去されません。活用場面は相手方が信用できないなどの特段の事情がある場合に限られると思われます。

5　疎明と立証

　発信者情報開示命令の発令には，各要件について「立証」が必要です。他方で，民事保全については迅速性・暫定性の要請から「疎明」で足りるとされています。

6　改正前もAP側で任意の保存措置が取られることが多く，発信者情報消去禁止仮処分の利用は一部の非協力的なAP以外では発令は減少傾向にあった印象です。

　この観点から，発信者情報開示命令よりも民事保全を利用する場合のほうが少なくとも文言上はハードルが低く見えますが，実務上は大差ないのが現実です。民事保全を利用する発信者情報開示仮処分については，いわゆる断行の仮処分として債務者に与える影響が大きいことから，「疎明」とはいえ，仮差押え等よりも高度の水準が要求されており，通常の民事訴訟における請求認容の場合における心証の程度と大差がないと言われています[7]。

5　CPに対する発信者情報開示命令

場面6：発信者情報開示命令の申立て

2月3日
　B弁護士は，Cコンテンツ株式会社，T,Inc.の2社のCPに対する発信者情報開示命令の申立書をそれぞれ作成し，2件分を東京地裁保全部に郵送しました。

2月6日
　発信者情報開示命令申立書を裁判所に提出した数日後，B弁護士の事務所に裁判所から電話があり，申立事件2件分について事件番号が伝えられました。

1　国際裁判管轄について

　GoogleやTwitterをはじめとする海外事業者が運営するプラットフォーム上での権利侵害が問題になることも多く，発信者情報開示請求においては外国事業者を相手取る場合も多くあります。

　このような場合，まずはわが国の裁判所で裁判が可能なのかという，国際裁

7　関述之・小川直人編著『インターネット関係仮処分の実務』（金融財政事情研究会，2018）22ページ。なお，弁護士的な実務感覚としては，むしろ発信者情報開示仮処分の疎明のほうが，開示訴訟の立証よりも厳しいとすら思えます。

判管轄が問題となります。

　国際裁判管轄については，訴訟や民事保全の場合には民事訴訟法第2章第1節を，発信者情報開示命令に関してはプロバイダ責任制限法9条を検討することになります。なお，プロバイダ責任制限法9条は民事訴訟法が定める日本の裁判所の裁判管轄権の定めをなぞったものとなっており，実質的な内容と結論に関しては両者に違いはありません。

　わが国の裁判所に発信者情報開示請求の国際裁判管轄が認められるのは，相手方が法人の場合では次の通りです。

---

① 　日本国内に主たる事務所・営業所がある場合[8]
② 　主たる業務担当者の住所が日本国内にある場合
③ 　日本国内に事務所・営業所がある場合において，申立てが当該事務所・営業所における業務に関するものであるとき
④ 　日本において事業を行う者に対して，日本における業務に関するものであるとき[9]

　GoogleやTwitterなど多くのグローバル企業は，日本国内には法人としての事務所・営業所を持っていません[10]。このため，多くの場合には④の適用を検討することになります。

　「日本において事業を行う者」に関する現在の裁判所の運用・解釈では，日本語版のウェブサイトを用意し，日本人向けにサービスを提供している企業であれば，「日本において事業を行う者」であると認められています。

8　①～③について法9条1項2号

9　④について法9条1項3号

10　日本法人はありますが，あくまで別法人となっています。また会社法817条の日本における代表者が登記されていますが，あくまで裁判書類の送達先としての機能にとどまります。

2 国内の裁判管轄

(1) 民事保全と訴訟では相手方の普通裁判籍

　民事保全や訴訟を利用して発信者情報開示請求を行う場合の裁判管轄は，相手方の普通裁判籍を管轄する地方裁判所となります。

　かつては，発信者情報開示請求権について不法行為に関する訴えであるとし，不法行為の特別管轄が適用されるという説もありましたが，裁判例上認められておらず現在ではこれを主張する者もいなくなりました。発信者情報開示請求権はプロバイダ責任制限法が創設的に認めた法定の請求権であり，不法行為に関する訴えには当たらないという解釈が定着しています。

(2) 発信者情報開示命令に関する競合管轄

　また，発信者情報開示命令については，民事訴訟法ではなくプロバイダ責任制限法10条に管轄の定めがありますが，内容としては民事訴訟法における普通裁判籍の考え方と同様です。

　ただし，1点だけ異なる部分として，発信者情報開示命令に関しては，ノウハウがある東京地裁と大阪地裁に集中させるべく，これらの裁判所への付加的な競合管轄がプロバイダ責任制限法によって認められています。

　東京高裁，名古屋高裁，仙台高裁，札幌高裁管内の地方裁判所に管轄が定まる場合の発信者情報開示命令は，原則の相手方普通裁判籍の裁判所に加えて東京地裁にも申立てを行うことができ，大阪高裁，広島高裁，福岡高裁，高松高裁管内の地方裁判所に管轄が定まる場合は，同じく裁判所に加えて大阪地裁にも申立てを行うことができます[11]。

11　法10条3項

⑶　外国法人の場合の考え方

　このように基本的には民事訴訟法もしくはプロバイダ責任制限法の条文を見れば管轄裁判所はわかりますが，外国法人を相手とする場合にはやや特殊な条文適用になる場合もありますので，整理をしておきます。

　①日本における代表者の登記がなされている場合：当該代表者の住所もしくは所在地

　②日本国内に主たる事務所または主たる業務担当者が存在する場合：当該事務所の所在地または業務担当者の住所地

　③日本国内に全く拠点を有しない場合：民事訴訟法上もプロバイダ責任制限法上も管轄裁判所を定めるために適用可能な条文がなくなってしまい，管轄裁判所が定まらないときに適用される民事訴訟法10条の２もしくはプロバイダ責任制限法10条２項が適用になり，最高裁規則によって東京地方裁判所が管轄裁判所になります。

3 発信者情報開示命令申立て

⑴　大きく分けて４パターン

　CPに対して発信者情報開示命令を申し立てる場合，請求する発信者情報が一般発信者情報か特定発信者情報かによって主張すべき請求原因事実が異なります。また，提供命令を同時に申し立てるか，それとも発信者情報開示命令単独にするかによって，申立ての趣旨も異なってきます。

　東京地裁保全部がウェブサイトにおいて発信者情報開示命令申立書のサンプル書式を公開しており，基本的にはこれに沿った形で記載をすれば問題ありません。ただし，提供命令を併せて申し立てない形での申立てについては，裁判所のウェブサイトには書式が掲載されていません。裁判所書式は申立人側からするともう一歩踏み込みたい箇所もありますので，本書では４パターンの申立てについて書式を掲載します。

⇒参照：書式1：発信者情報開示命令申立書（対CP一般発信者情報）（127ページ）
　　　　書式2：発信者情報開示命令申立書（対CP特定発信者情報）（133ページ）
　　　　書式3：発信者情報開示命令申立書兼提供命令申立書（対CP一般発信者情報）
　　　　　　　　（142ページ）
　　　　書式4：発信者情報開示命令申立書兼提供命令申立書（対CP特定発信者情報）
　　　　　　　　（149ページ）

⑵　申立書作成後，提出段階での留意点

　発信者情報開示命令申立書を作成した後，実際に裁判所に提出して事件番号が振られるまでの段階での留意点について，いくつか述べてゆきます。

a　貼用印紙

　申立書に貼用する収入印紙は，1申立てについて1,000円です。発信者情報開示命令と提供命令，消去禁止命令はそれぞれ別の申立て（事件番号も別に振られます）としてカウントされますので，発信者情報開示命令単独の申立てであれば1,000円，発信者情報開示命令兼提供命令の申立てであれば2,000円が必要です。

b　添付書類

　申立書とともに提出することを東京地裁保全が求めている添付書類は次の通りです。

①　相手方の数と同数の申立書の写し

②　証拠1部

③　当該申立てに係る会社の登記事項証明書

④　手続代理人の委任状

⑤　外国法人についてプロバイダ責任制限法10条2項等で管轄を認める場合は管轄上申書

⇒参照：書式5：管轄上申書（158ページ）

　発信者情報開示命令事件では，申立書の副本は裁判所から送付，証拠資料に

関しては当事者から直送することになっています。そのため，申立書のみ副本を裁判所にも提出します。証拠資料の副本は裁判所に提出しませんが，申立て後すぐに直送することになりますので，申立て段階で作成しておくことになるでしょう。

　また，訴訟や民事保全と異なり，非訟事件手続法が適用となるため，代理人の立場が「手続代理人」となり，委任事項として記載すべき事項も若干異なります。なお，筆者の事務所では，方針変更があっても委任状の取り直しとならないように，訴訟，民事保全，発信者情報開示命令のどの手続になっても利用できる書式で委任状を取得するようにしています。

⇒参照：書式6：委任状（159ページ）

(3)　事件番号の付与

　発信者情報開示命令が裁判所で受け付けられると，まずは事件番号が振られます。窓口に持参して申立てを行った場合にはその場で，郵送で申立てを行った場合には裁判所の受領後数日後に電話で事件番号が伝えられます。

　事件番号は発信者情報開示命令については，「○○地方裁判所令和○年（発チ）○○○号」という独自の事件記号である「発チ」の番号が振られ，提供命令や消去禁止命令については，「○○地方裁判所令和○年（モ）○○○○○○号」という民事雑事件に振られる事件記号である「モ」の番号が振られます。なお，「発チ」は"はつち"と発音する裁判官・書記官が多いようです。

場面7：期日決定

2月7日

❶事件

　B弁護士の事務所にまずはCコンテンツ株式会社に対する事件を担当する裁判官から電話がかかってきました。

　裁判官からは特段の指摘はなく，Cコンテンツ株式会社の意見を聴取するための期日が2月17日と決まりました。なお，期日[12]の開催方法はひとまず電話会議システムを利用することになりました。

❷事件

　続けて B 弁護士の事務所に T,Inc. に対する事件を担当する裁判官から電話があり，投稿内容の反真実性に関する証拠がやや足りないと指摘がありました。

　しかし，B 弁護士は「証拠の追加はしますが，相手方が発信者情報を調査するのにも時間がかかりますので，相手方への意見聴取を先行させてください」と手続を進めることを希望したところ，2 月21日に電話会議で次回期日が入りました。

　B 弁護士は両事件分について副本送付用の切手を裁判所の指示に従って裁判所に納付し，また証拠資料を相手方に直送します。

場面 8 ：❶事件の審理

2 月15日

　C コンテンツ株式会社に代理人弁護士が就き答弁書が提出されました。

　権利侵害の明白性について争う姿勢ですが，申立ての対象とした発信者情報は保有しているとあります。

　なお，双方に代理人弁護士が就いたことから，期日は電話会議ではなくWeb会議システムを利用することになりました。

2 月17日　Web会議期日当日

　B 弁護士は，C コンテンツ株式会社の答弁書に対する反論の主張書面を期日前に提出したうえで，Web会議期日に臨みます。

　期日では，裁判官を交えて主張内容について口頭での確認がなされます。

　その結果，発信者情報開示請求には理由があるとの心証が裁判官より開示され，次回期日は設けずに審理は終了となりました。

　B 弁護士は，発令用の発信者情報目録等を裁判所に提出し，発令を待ちます。

2 月20日

　C コンテンツ株式会社に対する発信者情報開示命令が発令されました。

場面 9 ：❷事件の審理

12　裁判では，審理のために裁判官と関係者が会合するために定められた日時という意味で「期日」という語が用いられています。（用例：期日を開催する。期日に出廷する。）

2月21日　期日当日

　T,Inc.から代理人弁護士名義で発信者情報の保有状況に関する経過報告の事務連絡が提出されました。現在調査中でまだ最終的な確認が取れていないようです。

　電話会議で開催された期日では，保有調査の終了見込み時期などについて確認をしたほか，T,Inc.側より口頭で権利侵害の明白性についての反論なども述べられました。

　発信者情報の保有確認が未了なことや権利侵害の明白性に関する証拠の追加などもありましたので，次回期日が3月1日に設定されました。

2月21日〜3月1日の期日間

　期日間にB弁護士より追加の証拠と権利侵害の明白性に関する補足の主張を記載した主張書面が提出され，T,Inc.側からは発信者情報の保有調査結果を記載した答弁書が提出されました。

　アカウントへのログインに用いられたIPアドレスなどは保有されていたようですが，ログアウトIPやポート番号については保有されていなかったようです。

　B弁護士は，保有されていない情報に関する開示請求を取り下げる一部取下書を作成して提出しました。

3月1日期日

　裁判官より発令方向との心証が開示され，次回期日は設けずに審理は終了となりました。

　B弁護士は，発令用の発信者情報目録等を裁判所に提出し，発令を待ちます。

3月3日

　T,Inc.に対する発信者情報開示命令が発令されました。

4　審理の流れの詳細

(1)　発信者情報開示命令単独の場合

①　申立書提出

　窓口への持参もしくは郵送で申し立てます。なお，東京地裁保全部の窓口は

混雑していることが多く，持参しての申立ては待ち時間が長くなる傾向があります。

② 書記官による形式審査

　形式的な誤記等のチェック，通常必要になる証拠資料の有無などがこの段階でチェックされます。追加や訂正の必要があれば対応します。

③ 事件番号付与

　事件番号が付与され，以後「発チ」の番号を付して書類提出等を行います。

④ 裁判官と申立人側の協議

　裁判官が申立書を検討したところで，まずは一度申立人側に裁判官より電話があるのが一般的です。今後の審理計画や発令の見込み，主張補充の要否などについて協議します。

⑤ 期日決定・副本送付

　相手方の意見を聴取するための期日を設定し，副本の送付を行います。裁判所に副本送付用の切手を収めることになります[13]。

⑥ 期日（数回）

　期日は民事保全と同様に１～３週間間隔で設定され迅速に進みます。なお，電話会議（本人申立ても可）およびWeb会議（弁護士のみ）の利用が標準化しており，期日の際に出廷する必要は原則としてありません。

13　申立ての段階で副本送付用の切手を予納するほうが二度手間にならないと思いますが，裁判所ではこの段階で送付物の量に応じた具体的な切手の金額を指示してきます。裁判所の求めるやり方ではありませんが，申立人側の工夫として訂正があっても問題ないように多めに入れておく，レターパックを入れるなどの方法もあるようです。

⑦　発令準備

　権利侵害の明白性など発令に必要な心証が固まれば，発令のために必要な発令用の発信者情報目録（命令書に添付する用の目録を当事者側で提出します）や命令送付用の切手を裁判所に提出します。

⑧　発令

　裁判官が命令書を作成次第，発令となります。なお，発信者情報開示命令では，判決とは異なり判断の理由の詳細を記載する必要はなく，理由の要旨の記載で足ります。特に理由を示す必要性が高い事例以外では，「申立てを相当と認め」といった程度の理由の記載になっています。

5　意見聴取を踏まえて発信者情報目録の変更をする

　発信者情報開示命令を申し立てる段階では，相手方がいかなる発信者情報を保有しているかは不明です。発信者情報開示命令が発令される対象は，現に相手方が保有している発信者情報に限られますが，この「保有」の判断は，相手方の主張を待ってなされることになります。

　CPでもAPでも保有状況について虚偽を述べるメリットは特段ありませんので，特に不自然な点がない限りは主張を信頼して良いと思われます。この時，保有していないと回答があった発信者情報については取下げを行うことになります。

　なお，アカウントへ登録された情報として何かしらのものが保有されているSNS系と異なり，掲示板サイト等では一切の発信者情報が保有されていない場合も想定されます。対象とする記事に係る一切の発信者情報が保有されていない場合には，申立ての全体を取り下げることになりますので，権利侵害の明白性に関する補充主張等は保有が確認された後に行うほうが訴訟経済上も効率的と言えます。

6 申立書の写しの交付と決定の告知方法

　発信者情報開示命令の手続の中で，相手方に対して裁判所から連絡をするタイミングとして，申立書の写しの交付と，決定の告知があります。

　訴訟であれば両方ともに，送達手続が採られるところですが，発信者情報開示請求においては迅速性が要求されることや，外国企業を相手に手続を進行させることも多く国際送達の時間的問題などを回避するために，両者ともに送達は不要となっています。

　まず，申立書の写しの交付に関しては，法11条１項で「送付」と規定し，送達が不要である旨を文言上も明記されています。また，決定の告知方法については，非訟事件手続法56条１項により「相当と認める方法」と規定されており，具体的事案においての裁判所の裁量にゆだねられています。

　両者ともに実務上は，書留郵便や国際スピード郵便が用いられています[14]。

6 AP等に対する発信者情報開示請求

場面10：CPからの情報開示
　発信者情報開示命令の発令後，数日～１週間程度で実際にＢ弁護士に対して発信者情報が開示されました。
　開示された情報は次の通りです。

14　総務省の立案担当者による書籍『一問一答 令和３年改正プロバイダ責任制限法』（小川久仁子編著，商事法務，2022）では，外国企業を相手とする場合につきQ38・Q40において，送達条約・民訴条約加盟国を条件に本文中記載のような正式な国際送達を不要とする取り扱いで説明がなされています。しかし，同書では送達条約・民訴条約未加盟国を相手とする場合について明言を避けているものの，少なくとも決定の告知に関しては原則通り正式な国際到達が必要になるのではないかと思われます。

---

❶事件：Cコンテンツ株式会社からの開示情報

　IPアドレス：***.***.***.111

　投稿日時：2023/01/20 08:28:34.44

❷事件：T,inc.からの開示情報

　IPアドレス：***.***.***.222

　ログイン日時：2023/01/15 15:58:17.31

　電話番号：080-****-****

　メールアドレス：********-******@gmail.com

　B弁護士は開示されたIPアドレスを，サイトの管理者を調べたときに使った「whois検索」で調査します。

　その結果，❶事件で開示されたIPアドレスは「Yネット株式会社」に割り振られているものであり，❷事件で開示されたIPアドレスは，「X通信株式会社」に割り振られているものであることがわかりました。

　また，❷事件ではアカウントに登録されていた電話番号も開示されましたので，この電話番号についてインターネット上の電話番号キャリア検索サイトで調べます。その結果，この電話番号のキャリアは「Z電話株式会社」であることがわかりました。

　B弁護士は，Yネット株式会社に対する2回目の発信者情報開示請求と，Z電話株式会社に対する電話番号契約者情報の弁護士会照会を行うことにしました。

1 APの特定

　CPが保有するアクセスログからの発信者特定ルートを採用した場合，CPから開示される発信者情報は単なるIPアドレスであり，発信者が誰かについては全くわかりません。

　この場合，IPアドレスを管理するアクセスプロバイダに対して，アクセスプロバイダが保有するIPアドレスの顧客への割り当て記録と照合したうえで，その顧客情報の開示を求める必要があります。

そこで，CPからIPアドレスの開示を受けた後にまずやらなければならない
ことは，通信に使用されたプロバイダ，すなわちこれから発信者情報開示を求
めていくAPの調査です。

プロバイダを調べる方法は，サイトの管理者を調査する際にも使用した
「whois検索」を用います。サイト管理者を調査する際にはサイトのURLから
whois検索をしましたが，「whois検索」にはIPアドレスの管理者を調べる機能
もあります。今度はIPアドレスについて「whois検索」を行います。

検索を行うと図表11のような結果が表示されます。

図表11　IPアドレスwhois検索結果（抜粋）

inetnum:	121.2.0.0 - 121.3.255.255
netname:	So-net
descr:	Sony Network Communications Inc.
descr:	4-12-3, Higashishinagawa, Shinagawa-ku, Tokyo, 140-0002, Japan
admin-c:	JNIC1-AP
tech-c:	JNIC1-AP
remarks:	Email address for spam or abuse complaints : abuse@so-net.ne.jp
country:	JP
mnt-by:	MAINT-JPNIC
mnt-lower:	MAINT-JPNIC
mnt-irt:	IRT-JPNIC-JP
status:	ALLOCATED PORTABLE
last-modified:	2016-07-15T07:17:43Z
source:	APNIC

上記の結果のうちIPアドレスが割り振られている組織を表す「descr」[15]の欄
を見ると，IPアドレスの管理はソニーネットワークコミュニケーションズ株式

会社となっています。

　同社を利用して通信が行われたことがわかりますので，次に発信者情報開示請求を行う相手がこれでわかりました。

2 APに対する開示請求の手続

　IPアドレスからAPがわかったら，APに対する発信者情報開示請求を行います。

　この時，裁判手続を利用せず裁判外請求を行うこともできますが，APは自社の顧客情報を開示することになりますので任意開示には非常に慎重な姿勢で，現実的には開示対象者が同意する場合以外には任意の開示はなされません。そのため，現実的な選択肢としては発信者情報開示命令を申し立てることになります。

　もっとも，裁判外の開示請求は発信者情報開示命令の申立てよりも準備が楽であり，より早期にAPに対してアプローチができるという利点もあります。APが保有する発信者情報は，実質的にはIPアドレスの割り当て記録ですが，この記録は保存期間が限られており，保存期間内に調査と開示すべき発信者情報の抽出を行わなければ発信者情報は失われてしまいます。裁判外の開示請求によって実際に発信者情報が開示される可能性は乏しいところではありますが，開示請求を受けたAPは発信者情報の調査抽出を行い，開示対象者に対して意見照会を行います。この時に，IPアドレスの割り当て記録から発信者情報の抽出と保存がなされますので，AP側に発信者情報をより早く確保させるという事実上の効果が得られます。発信者情報開示命令の申立てに時間がかかりそうな場合や，AP側の記録の保存期間との兼ね合いで発信者情報が確保できるか不明な場合には，発信者情報開示命令の申立てに先行して，まずは裁判外の開

15　whois情報の表示パターンにはいくつかありますが，［組織名］［organization］［descr］として次の開示請求で相手とするAP名が記載されています。

示請求を行い，その結果を見てから申立てを行うのも１つの方法です。

⇒参照：書式７：発信者情報開示請求書（161ページ）

3 APに対する発信者情報開示命令の申立て

場面11：APに対する発信者情報開示命令の申立て
３月３日
　B弁護士はYネット株式会社に対する発信者情報開示命令申立書を作成し，管轄裁判所に提出しました。

---

(1) 管　轄

　発信者情報開示命令の管轄の考え方は，66ページで説明したCPに対するものと同様に，相手方となるAPの所在地を管轄する地方裁判所になります。なお，CPから提供命令に基づき他の開示関係役務提供者の氏名等情報としてAP名を開示されたのちにAPに対して発信者情報開示命令を申し立てる場合には，当初のCPに対する申立てが係属する裁判所の管轄となります。

(2) ２通りの訴訟物

　APに対する発信者情報開示命令の訴訟物は，APが侵害情報に係る通信にどのように関与し，いかなる立場で開示義務を負うかによって２通りに分かれます。

　侵害情報を媒介したAPは，法５条１項に規定する特定電気通信役務提供者として発信者情報開示義務を負います。具体的には，CP段階において一般発信者情報の開示がなされ，侵害情報通信に用いられたIPアドレスを管理するAPとして相手方に浮上した場合です。この場合の訴訟物は，法５条１項の一般発信者情報開示請求権となります。

　他方で，侵害関連通信を媒介したAPは，法５条２項に規定する関連電気通

信役務提供者として発信者情報開示義務を負います。具体的にはCP段階において特定発信者情報の開示がなされ，侵害関連通信に用いられたIPアドレスを管理するAPとして相手方に浮上した場合です。この場合の訴訟物は，法5条2項の関連電気通信役務提供者に対する発信者情報開示請求権となります。

⑶　基本的にはCPを相手にする場合と同様

APに対して発信者情報開示命令を申し立てる場合も，CPに対して発信者情報開示命令を申し立てる場合と基本的には同様です。CPに関して解説した67ページ以降も参照してください。

4 申立ての趣旨の方式（発信者の特定方法）

⑴　一般的なケース

APに対する発信者情報開示請求は，要するに「発信者の住所・氏名を教えてください」という内容なのですが，APは通信の秘密の観点から個別の通信の内容については関知していません。そのため「この投稿を行った者の住所・氏名を開示せよ」といった請求の仕方では，回答を得ることは不可能です。

APに対する発信者情報開示命令の申立ての趣旨で引用する発信者情報目録は，一例を挙げると以下のようになります。

別紙投稿記事目録記載の（各）IPアドレスを，同目録記載の（各）通信日時ころに相手方から割り当てられていた契約者に関する以下の情報
① 氏名又は名称
② 住所
③ 電子メールアドレス
④ 電話番号

⑵　追加の情報が必要となる場合

前記の一般的なケースのようなIPアドレスとタイムスタンプの2点特定では，

発信者の特定が不可能なAPも多く存在します。たとえば，1個のIPアドレスを1秒間に多数回切り替えて別人に割り当てるプロバイダなどの場合，秒単位のタイムスタンプを用いた2点特定では，対象者が複数人該当するため1人には絞れません。

　このような場合，追加の情報を付加して特定を図ってゆくことになりますが，一般的には通信の送信先に関する情報を付加し，3点によって通信の特定を行う方法を取ります。送信先に関する情報とは，発信者が通信を行う際にどこに向けて情報の発信を行ったかに関する情報のことであり，発信者が書き込みをする際にサイト上で「送信」ボタンをクリックした後に，入力した情報が送信される先，すなわちサイト側の情報を受け取る窓口のことです。この送信先に関する情報は，表現がやや混乱しがちなのですが，送信先URL，投稿先URL，接続先URL，受信元URL，投稿用URLなどと呼ばれます。表現が異なる場合もこれらは皆同じものを指しています。なお，「接続先」という表記が一番疑義がなくわかりやすいと思われますので，本書ではこれを採用します。

　そして，「DNSと組み合わせたサーバー運営者の調査」（46ページ）での説明を思い出していただきたいのですが，URLには対応するIPアドレスがあります。よって，接続先はURLだけではなくIPアドレスとしても表記が可能です（この場合は接続先IPアドレスと呼ばれます）。

　接続先についてURLとして情報を追加するか，IPアドレスとして情報を追加するかは，発信者情報開示請求を行う相手のAPの通信記録の保存方式によって決まります。たとえば，NTTドコモは，IPアドレスとURLによって通信記録を管理しているため，接続先のIPアドレスか，もしくはURLとして情報提供をしますし，KDDIは接続先URLの記録はしておらず，IPアドレスによって接続先を記録しているため，接続先IPアドレスを提供します。

　3点方式で発信者情報開示請求を行う場合の発信者情報目録の記載は，次のようになります。

【接続先URLで記載する場合】

> 別紙投稿記事目録記載のIPアドレスを同目録記載の通信日時に割り当てられ，同目録記載の接続先URLに接続した契約者に関する以下の情報

【接続先IPアドレスで記載する場合】

> 別紙投稿記事目録記載の接続元IPアドレスを同目録記載の通信日時に割り当てられ，同目録記載の接続先IPアドレスに接続した契約者に関する以下の情報

Point

🔍 接続先と接続元

　発信者情報開示請求を行う際に，本文中のように「接続先」と「接続元」という概念が出てくることがあります。通信はすべて始点と終点がありますので，それに対応するのが接続先と接続元です。

　先か元かというのは，情報通信を行う発信者や，閲覧者の目線に立った表現で，自身が利用しているスマートフォンやPCが接続「元」側の端末となります。逆に，閲覧したいウェブサイトのサーバーやそのために経由するプロバイダの通信設備は，利用者が使っているPC等から見れば接続「先」となります。

　そして，通信を行うPC等にはIPアドレスが付与され，通信を行う一方の住所として機能しますが，当然ながら通信の逆側にも住所として機能するIPアドレスが必要です。発信者情報開示請求において，通信の接続元と接続先の２点が必要になる場合，双方のIPアドレスが必要になりますが，どちらがどちらかを区別して記載する必要があります。このような場合は「接続先IPアドレス」「接続元IPアドレス」として，どちらの側のIPアドレスなのかがわかるように記載をすることになります。

　郵便はがきに，自分の住所と相手の住所をそれぞれどちらの住所かわかるように記載するのと同様です。

　接続先URLは，当該ウェブページのhtmlソースから読み取ることで調査可能です。

　一般的にはhtmlソースに記載されているformタグのaction属性の値から読み取れます。なお，投稿内容を入力するフォームのページの後に，内容確認画面などが１回挟まる仕様のウェブサイトの場合には，最終的な「送信」ボタンのページのhtmlソースを読み解くことが必要です。また，スマートフォンとPCでページの表示が変わるなど，端末によって接続先URLが変化する場合もありますので，実際に投稿に用いられた種類の端末での表示から調査することが重要です[16]。

　formタグのaction属性から読み取る以外にも，実際にテスト投稿をしてみて，情報の送信先を確認することも可能です。ウェブブラウザChromeを使用している場合であれば，＜F12＞キーでディベロッパーツールを開き，Networkパネルを見れば確認できます。

　そして，接続先URLが判明すれば，これをDNSの正引き機能を用いてIPアドレスに変換することで，接続先IPアドレスを調査することが可能です。

　なお，接続先についてhtmlソースからの調査で判然としなければ，サイト管理者等に対して直接問い合わせることも１つの方法です。

⑶　**発信者情報目録について**

　このようにAPに対する発信者情報開示請求は，請求先となるAPの通信記録の管理状況によって複数の方式があります。これまで出てきたものも含め，主に使用する開示請求の方式を発信者情報目録形式で整理し，確認をしておきましょう。なお，投稿記事が複数となる場合，発信者情報目録に記事ごとのIPアドレス，タイムスタンプを表記してゆくとあまりに冗長となってしまいます。その場合，別途投稿記事目録を作成し，記事ごとのIPアドレスやタイムスタンプはそちらに記載のうえ，発信者情報目録でこれを引用する形式がわかりやすいのですが，発信者情報目録には接続先URLと記載しているのにもかかわら

16　PCでもユーザーエージェント設定ツールを利用すれば擬似的にスマートフォン環境にて調査することが可能です。

ず，投稿記事目録では接続先IPアドレスと記載してしまうなど，両者が対応しないというミスを犯しがちになりますので，対応関係には十分な確認が必要です。

【標準方式】

> 別紙投稿記事目録記載のIPアドレスを，同目録記載の通信日時ころに相手方から割り当てられていた契約者に関する以下の情報

　一般的なケースで使用する目録です。APの運用が不明な場合には，まずはこの方式で請求を行い，AP側の反応をうかがってください。

【端末番号方式】

> 別紙投稿記事目録記載の端末番号で特定される携帯電話番号の契約者に関する以下の情報

　フューチャーフォンからの投稿の場合に，CPから端末番号も開示され，その端末番号を用いて通信の特定を行う場合に使用する目録です。近年はフューチャーフォンから投稿されるということ自体があまりありませんが，端末番号は端末1台1台に付与されるためIPアドレスよりも容易に個人を特定可能です。

【3点方式A】

> 別紙投稿記事目録記載のIPアドレスを同目録記載の通信日時に相手方から割り当てられ，同目録記載の接続先URLに接続した契約者に関する以下の情報

　IPアドレスとタイムスタンプの2点特定では足りず，3点目の情報の送信先をURL形式で指定する目録です。
　接続先URLによる調査が可能なNTTドコモを相手に請求する場合に使用する方式です。しかし，接続先URLによる調査には技術的限界もあり，NTTド

コモは接続先IPアドレスによる調査にも対応していることから，実務上はあまり使用しません。

【3点方式B】

> 別紙投稿記事目録記載の接続元IPアドレスを同目録記載の通信日時ころに相手方から割り当てられ，同目録記載の接続先IPアドレスに接続した契約者に関する以下の情報

接続先をIPアドレスで指定するタイプの目録です。

携帯電話3キャリアや後述するMVNOなど3点特定が不可能なプロバイダの場合に多く用いられる方式です。

【3点方式C】

> 別紙投稿記事目録記載のIPアドレスを同目録記載の通信日時ころに相手方から割り当てられ，同IPアドレスと組み合わされた接続元ポート番号を使用していた契約者に関する以下の情報

接続先ではなく，接続元ポート番号を利用する方式です。

【4点方式A】

> 別紙投稿記事目録記載のIPアドレスおよび同IPアドレスと組み合わされた接続元ポート番号を同目録記載の通信日時に使用し，同目録記載の接続先URLに接続した契約者に関する以下の情報

接続元ポート番号を加え4点で特定する方式です。

MVNO事業者に対して開示請求を行う場合等に使用しますが，サイト管理者側で接続元ポートの記録を保存しているケースが非常に少ないため，実際に使用することは現時点ではあまりありません。

【4点方式B】

別紙投稿記事目録記載の送信元IPアドレスおよび同IPアドレスと組み合わされた接続元ポート番号を同目録記載の通信日時に使用し，同目録記載の接続先IPアドレスに接続した契約者に関する以下の情報

4点特定の接続先をIPアドレスで指定するバージョンです。

Point

Q 投稿日時の幅――「ころ」問題

発信者情報目録について，標準方式では「通信日時ころ」となっているのに対し，NTTドコモで使用される3点方式Aでは「ころ」という幅を持たせた表記を削除していますが，これには理由があります。

インターネットでの情報発信という電気通信を行う際には，情報の送り手と受け手の側で若干のタイムラグが発生する可能性があります。投稿の際の通信は，発信者の端末→APの通信設備→CPのサーバーと送信されてゆきますので，CP側より開示された情報の受け手の側のタイムスタンプと，APが把握している情報の送り手側のタイムスタンプに数秒のズレが生じることがあります。

よって，「ころ」とせずに厳密に秒単位で特定を行うと，数秒のズレがあった場合に発信者の特定が不可能となる可能性があり，原則としては多少の幅を持たせた「ころ」という表記が発信者情報開示請求においては適切です。

しかし，一部のAPはIPアドレスの割り当てのタイミングが非常に短く，厳密に日時を秒単位で特定しなければ対象の契約者を1名に特定することが難しいため，「ころ」という曖昧な表記では発信者情報開示に応じていません。このようなAPを相手にする場合には，「ころ」という表記を削除して請求を行うことになります。

Q 通信日時と投稿日時

ログイン型のCPから特定発信者情報としてログイン時のIPアドレス等が開示された場合，AP段階の開示請求の対象となる通信はAPが経由させた侵害関連通信となります。

> この場合，APに対して提示する通信日時はCPから開示された当該ログイン等に係る通信日時であって，侵害情報の送信時刻（投稿日時）ではありません。

⑷　接続先調査の困難性

　最近，サーバーの負荷分散のために，同一内容のデータを同期させた複数のサーバーを用意し，外部からの接続要求に対して，各サーバーに順番に割り当ててゆく方式（ラウンドロビン方式）を採用するウェブサイトが増えてきました。特に同じURLについて，URLからIPアドレスに変換する名前解決の段階でラウンドロビンさせるDNSラウンドロビン方式が多く導入されています。大手のサイトであればほぼ採用されていると考えて差し支えありません。

　このDNSラウンドロビン方式が採用されているサイトの場合，閲覧側から見えているURLが同じであっても，それが接続しているサーバーと，そのIPアドレスはそれぞれ異なります。つまり発信者が行った通信の接続先（投稿データの送り先）のIPアドレスはラウンドロビンで複数に分散されてしまうのです。しかも，具体的な通信ごとの接続先を記録する仕様を採用するごく一部のサイト以外は，接続先は複数のIPアドレスのいずれかという解像度でしか確定できません。

　よって，発信者の特定のために接続先IPアドレスが必要となるAPと，DNSラウンドロビンを導入しているウェブサイトが組み合わさったときは，なかなか大変な問題が発生します。接続先IPアドレスについては，本文中のような調査を行っても1個に定まらず，複数にしか絞り込みができません。しかし，発信者の特定のためには，当該発信者が当該通信を行った時に使用された接続先IPアドレスが必要です。

　対策としては，APには負担をかけることになってしまいますが，接続先IPアドレスについて複数の候補を提示し，この中のいずれかという形で調査を依頼するしかありません。

　そして，少しでも接続先IPアドレス調査の精度を高めるためには，時間を変

えて正引きを多数回繰り返して，分散しうるIPアドレスをもれなく拾うことが必要です。

　もっとも，このようなできる限りの調査を行ったとしても，発信者の絞り込みに成功しないケースも少なくありません。発信者情報開示請求を検討する際には，技術的に困難なケースもあるということも想定する必要があります。

　また，ソフトバンク，インターネットイニシアティブなど一部のプロバイダは接続先情報を「当該通信に関するものとしてCPから開示された情報」として要求し，開示請求者が事後的に調査した結果では正確なものであることが担保されないと，通信記録の調査にすら応じない場合があります。通信記録の調査がなされなければ，仮に接続先が正しく調査できていても保存すべき発信者情報が抽出されず，そのまま消去されてしまいます。

　ログ抽出作業の手間はともかくとして，発信者の誤特定のリスクもあり，ログを抽出調査すること自体が通信の秘密に抵触しうることも考えると，このようなプロバイダの対応も理解できる面はあります。しかし，調査をしない限り発信者の特定は不可能になってしまうのにもかかわらず，一律にこのような対応をとる一部プロバイダの企業姿勢は，被害者をないがしろにするものと言わざるを得ません。

　このようなプロバイダを相手取る場合には，裁判外の開示請求で発信者情報を確保することはできません。とにかく発信者情報開示命令を申し立ててしまい，裁判所から発信者情報の「保有」の有無の調査，すなわち通信記録の調査と発信者情報の抽出をするように強く指揮をしてもらう方向で進めてください。

⇒参照：書式8：発信者情報開示命令申立書（対AP一般発信者情報）（165ページ）
　　　　書式9：発信者情報開示命令申立書（対AP関連電気通信役務提供者）（171ページ）

場面12：AP（Yネット株式会社）に対する発信者情報開示命令の審理
3月6日
　裁判所からB弁護士の事務所に電話があり，1週間後に期日を開催することが決まりました。
　B弁護士は，甲号証をYネット株式会社宛てに直送します。

3月13日期日

　Yネット株式会社側にも代理人弁護士が就任し，期日はWeb会議で実施されました。

Yネット代理人　「発信者に対する意見聴取の結果がまだ戻ってきていないので，その回答結果を見たうえで主張書面を提出させてください」

裁判官　「意見聴取の依頼自体は終わっているのですよね？　2週間後に次回期日でも大丈夫ですか？」

というやり取りがあり，次回期日は3月29日に決まりました。

3月29日期日

裁判官　「発信者は開示に同意しなかったということで，権利侵害の明白性を争うわけですね。発信者からの反論書も証拠提出されていますので，申立人側でも反論してください」

B弁護士　「わかりました。2〜3日で出しますので，その前提で期日を入れてください」

裁判官　「では，10日後としますので，相手方でも再反論があれば期日までに書面を提出してください。基本的には次回で審理終結予定です」

4月8日期日

裁判官　「提出物は以上ですね。ではあとはこちらで判断をしますので審理は終結とします。決定の準備ができたら連絡しますね」

4月10日

　B弁護士の事務所に裁判所から電話があり，発令のための目録等の指示があり，B弁護士は裁判所の指示に従って目録を提出しました。

5　相手方がエンドユーザーと直接の契約関係にない場合

(1)　MVNO

　発信者情報開示命令をCPが記録しているIPアドレスから特定されるAPに対

して申し立てることになりますが，このAPが発信者と直接の契約関係にない場合があります。MVNOで端末を利用しているケースなどが代表例です。

MVNOとは，自社で無線通信回線設備を保有せず，移動体通信事業者（MNO）が提供する通信網を利用して，自社ブランドで携帯電話やインターネット接続などの移動体通信サービスを行う事業者のことです。なお，現時点で日本でサービスを展開しているMNOとしては，NTTドコモ，KDDI，ソフトバンク，楽天モバイルの４社があります。

発信者がMVNOを介してインターネット上で情報発信を行った場合，通信はMNOの設備からCPの設備に対してなされることになり，CPから開示されるIPアドレスもMNOのものとなります。このため，発信者情報開示請求で順番に通信をたどってゆくと，CPの次の段階としては，MNOに対して発信者情報開示請求を行うことになりますが，MNOは発信者と直接の契約があるわけではなく，顧客情報を把握していません。なお，発信者情報開示請求者の視点では，IPアドレスから浮上したAPがMNOに過ぎないのか，発信者と直接の契約関係にあるのかは不明です。

(2) 通信網の他社提供

固定回線でも通信網を他社のインターネット接続サービスに利用させるケースがあり，IPアドレスから浮上したAPは，このような場合にも発信者と直接の契約関係にない場合があります。

(3) 提供命令も利用しつつ進める

このように，発信者と直接の契約関係にないAPに対して発信者情報開示請求を行った場合，他社に通信設備を提供しているため申立ての趣旨に記載されている情報（≒発信者の住所氏名）は保有していないとの答弁がAP側よりなされます。

この段階で，通信設備の提供先である別のAPの社名が任意に開示される場合もありますが，開示がなければ提供命令の申立てを行います。また，通信設

備の提供先である別のAPが通信記録から発信者を特定するのに必要な利用管理符号（総務省令2条14号）などの情報はこの段階では発信者情報目録に記載されていないはずですので，発信者情報開示命令の発信者情報目録も変更が必要になります。

そして，提供命令によって他のAPが浮上した後には，そのAPに対しても発信者情報開示命令の申立てを行ってください。提供命令に基づき提供された2つ目のAPに対する発信者情報開示命令の申立てを行った後，元々のAPに対してその旨を通知するのも忘れずに行います（主張書面で行えばよいでしょう）。

なお，通信設備の提供が多重構造になっている場合もあります。そのような場合には，発信者と契約関係にあるAPが出てくるまで発信者情報開示命令と提供命令の申立てを繰り返します。

⇒参照：書式10：申立ての趣旨変更申立書（AP段階提供命令）（177ページ）

6 発信者への意見聴取

開示関係役務提供者が発信者情報開示請求を受けた場合，連絡することができない等の特別の事情がある場合を除き，発信者（開示対象者）に意見を聴かなければなりません。

掲示板サイトなどCP段階では，開示請求を受けた開示関係役務提供者は発信者の連絡先を保有しておらず連絡できないため意見聴取がなされないことが多いですが，AP段階では最終的に発信者と契約しているAPに到達した段階で意見照会が必ず実施されます。

発信者から，投稿内容の真実性に関する証拠や法的な反論が開示関係役務提供者に提出され，それが証拠として裁判の場に提出されることも多くあります。開示請求者側としては適切に反論をしてゆく必要があります。

なお，発信者より開示拒否の理由として“自分は投稿をしていない”といった理由が述べられることがありますが，仮に真実であったとしても「その他侵害情報の送信又は侵害関連通信に係る者」として開示対象になります。

7　発信者情報開示命令の発令後

場面13：発信者の特定

4月12日

　発信者情報開示命令が発令され，命令書を受け取ったＢ弁護士はＡ社長に報告をします。

　Ａ社長は，あんなに争っていたＹネット株式会社が任意に応じるのか？　異議を出すのではないか？　と心配です。

　しかし，Ｂ弁護士は「個別の権利侵害性の判断についてプロバイダ側が異議訴訟まで争うことは基本的にはないですよ。発信者が開示拒否をしていましたが異議まで頑張ることを義務付ける制度でもありませんし，今回もおそらくこれで確定でしょう」と言っています。

　実際，Ｙネット株式会社は，発信者情報開示命令に異議を出すことはなく，発信者の住所・氏名等を開示してきました。

　これで，掲示板サイト「Ｃ」へ投稿した発信者の特定は完了です。

　発信者情報開示命令の申立てについての決定に不服のある当事者は，当該決定の告知を受けた日から一カ月の不変期間内に，異議の訴えを提起することが可能です[17]。

　もっとも，プロバイダ責任制限法の開示対象か否か等の法そのものの解釈に関わる論点がある場合は別ですが，個別の権利侵害の明白性の判断についてのみが争いとなるような事例では，プロバイダ側（CPもAPも）が争い異議訴訟まで進むことは基本的にはありません。

　なお，発信者に対する意見聴取において，発信者が開示に応じないとの意見を述べた場合に開示関係役務提供者が発信者情報開示命令を受けたときは，開示命令が出た旨を遅滞なく発信者に通知しなければなりませんが（法6条1

17　法14条

項），発信者情報開示命令に対して異議訴訟を提起するか否かは裁判の直接的な当事者である開示関係役務提供者が自ら判断すればよく，発信者の意見に拘束されることはありません。

　一般的には，APに対する発信者情報開示命令の発令後は，実際に発信者情報が開示されるのを待つのみになると思われます。

7　開示された電話番号からの発信者特定

場面14：弁護士会照会
３月10日
　SNS「T」に関しては，T,Inc.に対する発信者情報開示命令に基づき，発信者がログインに使用していた電話番号が開示されています。
　B弁護士はこの電話番号の契約者情報を取得することで発信者の特定を行う方針です。B弁護士は，弁護士会照会の申立書を作成して，所属する弁護士会に提出しました。

場面15：IP割リ当てログの確保
　なお，B弁護士は念のために，T,Inc.から開示されたIPアドレスを管理するX通信株式会社に，テレコムサービス協会の書式を使った裁判外の発信者情報開示請求だけは行いました。
　万が一，電話番号からの発信者特定に不具合が生じた場合を考えているようです。

場面16：弁護士会照会の回答
４月１日
　Z電話株式会社が弁護士会に提出した回答書が弁護士会からB弁護士のもとに届き，電話番号の契約名義が明らかになりました。
　これでSNS「T」で「元パン屋」と名乗っていた発信者の特定も完了です。

1 弁護士会照会

　CPから電話番号が開示された場合，弁護士会照会を用いて，電話番号契約者の情報を電話番号キャリアより入手します。

　弁護士会照会は，弁護士が依頼を受けた事件について証拠や資料を収集し，事実を調査するなど，その職務活動を円滑に行うために設けられた法律上の制度として，弁護士法23条の2に規定されています。依頼を受けた個々の弁護士が照会先に対して直接に照会ができるのではなく，個々の弁護士が所属する弁護士会に対して照会の申出を行い，弁護士会において必要性と相当性について審査を行ったうえで，適当と認める照会についてのみ照会先に対して回答を求める仕組みになっています。

　なお，弁護士会照会については，原則として回答義務があると法令上も判例上も認められていますが，電話番号契約者の情報を回答する場合，照会の内容によっては電話番号キャリアが電気通信事業法上負っている通信の秘密の保護に抵触する可能性もあります。電気通信事業法の通信の秘密の侵害には刑事罰もあり，電話番号キャリアは必要以上に慎重になっていた実務運用がありました。

　このため，プロバイダ責任制限法に基づく発信者情報開示請求の対象として電話番号が追加された2020年改正を受けて「電気通信事業における個人情報保護に関するガイドラインの解説」が更新され，現在では発信者情報開示請求の結果取得された電話番号について，契約者等の情報を弁護士会照会に応じて回答することは通信の秘密を侵害するものではないと明記されるようになっています[18]。

　電話番号キャリアがガイドラインに照らし回答がしやすくなるよう，照会申

18　「電気通信事業における個人情報保護に関するガイドライン（平成29年総務省告示第152号。最終改正平成29年総務省告示第297号）の解説」62ページ※4
　　https://www.soumu.go.jp/main_content/000735774.pdf

出書を作成する際に，プロバイダ責任制限法に基づき発信者情報として取得した電話番号であることを記載しておきましょう。

2 照会申出書記載例

　弁護士会照会を申し立てる際の書式は各単位弁護士会によって異なりますので，それに従ってください。照会を求める事項と，照会を求める理由の記載例は次の通りです。

1．照会を求める事項
　番号090-****-****の携帯番号について，2022年10月１日から2023年３月１日の期間における，以下の各事項をご回答ください。
　① 契約者の氏名及び住所
　② 契約者の電話番号及び連絡先電話番号
　③ 請求書又は領収書の送付先の氏名及び住所
　④ 当該電話番号が，MNPにより番号転出している場合はその事実，及び貴社が当該電話番号の管理事業者であるときは，電話番号使用中事業者グループ名

2．照会を求める理由
　依頼者は，T.Inc.が運営するSNSに投稿された記事により名誉権を毀損されていました。この記事に関して依頼者は，同社に対してプロバイダ責任制限法に基づく発信者情報開示請求を行い，発信者情報として登録されていた相手方の電話番号・メールアドレスの開示を受けました。
　開示された情報のうち，電話番号については法令上本人確認が義務付けられており，正確性の高い情報と思料されますので，相手方を同定するため，本件照会に及んだ次第です。
　なお，本照会のようにプロバイダ責任制限法に基づく発信者情報として開示された電話番号につき，電話会社が契約者情報を弁護士会照会に応じて回答することは当該電話会社にとって，通信の秘密を侵害するものではないと解されていますので申し添えます（「電気通信事業における個人情報保護に関するガイドラインの解説」62ページ※４　参照）。

3　保険としてIPルートの裁判外請求も

　なお，CPに対して電話番号の開示請求を行う場合，特に不利益はないためIPアドレスの開示請求も行うと思います。よって，電話番号が開示されるとき，同時にIPアドレスも開示されているはずです。

　両者を比較すると，電話番号については法律上本人確認が義務付けられていることや，技術上の障害が少ないことから発信者の特定に至る可能性が非常に高い反面，IPアドレスについては前述のような接続先問題等の技術的な限界により発信者の特定に至らない可能性もそれなりにあります。よって，基本的には電話番号からの発信者特定が第一の選択になりますが，電話番号についても万能ではありません。

　この段階でも，念のためIPアドレスを管理するAPに対して裁判外の開示請求だけは行い，発信者情報の抽出までは行っておくと万が一の時の保険になるかもしれません。

4　弁護士に依頼していない場合は？

　弁護士会照会は，弁護士が依頼を受けた事件についてのみ行使できる制度です。このため弁護士に依頼せず，本人申立てとしてCPに対する発信者情報開示命令申立てを行った場合には，電話番号が開示されても弁護士会照会は利用できません。

　このとき開示された電話番号のキャリアが開示関係役務提供者に当たると言えれば，発信者情報開示命令の利用もできるのですが，実際のところCPに登録された電話番号を払い出したというだけでは，具体的な通信を媒介した証拠は何もなく，結論としては開示関係役務提供者に該当すると立証するのは難しいと思われます。

　弁護士会照会の場合，権利侵害の明白性といった実質的な要件判断も不要で，

弁護士会における相当性と必要性の判断のみで開示が受けられるというメリットもあります。CP段階を弁護士に依頼せずに進めた場合でも，電話番号が開示された場合には，無理に本人申立てで発信者情報開示命令を続けるのではなく，この段階で弁護士に依頼するのが良いのではないでしょうか。

8 CP段階で提供命令を用いた場合の流れ

CPに対する発信者情報開示命令の段階で，提供命令を付属させた場合の手続について解説します。

1 手続の全体像

CPに対する提供命令を用いてCPとAPに対する発信者情報開示命令を一体的に進める場合の手続の流れは次のようになります。

申立人側の視点では，権利侵害の明白性という中身の審理に入らないまま，提供命令の効果によりAPが明らかになし，CPとAPをまとめて中身の審理を行う点に特徴があります。

① 発信者情報開示命令および提供命令の申立て

CPを相手方とする【発信者情報開示命令申立書兼提供命令申立書】を裁判所に提出します。窓口への持参もしくは郵送で申し立てます。なお，東京地裁保全部の窓口は混雑していることが多く，持参しての申立ては待ち時間が長くなる傾向があります。

② 書記官による形式審査

形式的な誤記等のチェック，通常必要になる証拠資料の有無などがこの段階でチェックされます。追加や訂正の必要があれば対応します。

③　事件番号付与

事件番号が付与され，以後「発チ」の番号を付して書類提出等を行います。

④　裁判官と申立人側の協議

提供命令を申し立てた場合，提供命令を先に判断することになります。提供命令については，権利侵害の明白性等実質的な判断は不要であり，さらに通常型の提供命令であれば，相手方が実際に発信者情報を保有しているか否かすら審理の対象ではありません。そのため，この段階で形式的な部分のみ確認し，提供命令の発令へ進むことになります。

⑤　提供命令発令準備

提供命令用の目録や切手を裁判所に納付します。

⑥　提供命令発令

提供命令を裁判所から相手方に送付します。なお，提供命令は原則として相手方のみに送付され，申立人には送付されません。

⑦　提供命令に従って氏名等情報の提供

提供命令を受領した相手方CPにおいて，他の開示関係役務提供者の氏名等情報が特定できれば，その情報が申立人側に提供されます。

⑧　提供されたAPに対する発信者情報開示命令の申立て

情報提供を受けた申立人はAPに対する発信者情報開示命令を申し立てます。

⑨　CPに対する申立ての通知と，CPからAPへの発信者情報の提供

申立人はAPに対する発信者情報開示命令の申立てを完了したら，これをCPに対して通知します。申立ての通知を受けたCPは，APに対して開示対象となっている発信者情報（IPアドレスなど）と提供します。CPからの提供を受

けてAPは具体的に通信記録の調査を行い，開示対象となる発信者情報の保有の有無を確認します。

⑩　AP・CPからの意見聴取期日（数回）

CPからAPへの発信者情報の提供がなされた後，発信者情報の保有状況や権利侵害性について，CPおよびAPに対して意見が求められ，期日が開催されます。

期日は民事保全と同様に1～3週間間隔で設定され迅速に進みます。なお，電話会議（本人申立ても可）およびWEB会議（弁護士のみ）の利用が標準化しており，期日の際に出廷する必要は原則としてありません。

⑪　発令準備

権利侵害の明白性など発令に必要な心証が固まれば，CP・AP同時に発信者情報開示命令が発令されます。発令方向で審理が終結すれば，申立人側で発令のために必要な発令用の発信者情報目録（命令書への添付用の目録を当事者側で提出します）や命令送付用の切手を裁判所に提出します。

⑫　発令

裁判官が命令書を作成出来次第，発令となります。なお，発信者情報開示命令では，判決とは異なり判断の理由の詳細を記載する必要はなく，理由の要旨の記載で足ります。特に理由を示す必要性が高い事例以外では，「申立てを相当と認め」といった程度の理由の記載になっています。

2　CPに対する発信者情報開示命令申立書兼提供命令申立書

(1)　申立ての趣旨

提供命令を同時に1つの申立書で申し立てる場合，発信者情報開示命令事件と，提供命令申立事件という2つの事件が1つの書面に記載されることになり

ます。両事件は事件番号も別に付され，また決定もそれぞれ個別に発令されます。

　このため，申立ての趣旨は併合請求のように記載するのではなく，事件ごとに分けて，それぞれ「裁判を求める」まで記載します。

【申立て趣旨記載例】
1　発信者情報開示命令の申立て
　相手方は，申立人に対し別紙発信者情報目録記載の各情報を開示せよ
との裁判を求める。
2　提供命令の申立て
　別紙主文目録[19]記載の裁判を求める。

---

(2)　提供命令の必要性

　提供命令を申し立てる場合，発信者情報開示請求の要件だけではなく，法15条に規定される提供命令の要件についての主張も必要です。

　もっとも，提供命令は必要性のみで発令されるため，記載すべき事項は多くはありません。APにおける発信者情報の保存期間が短期間に限られることなどを主張立証すれば足りるでしょう[20]。

　　⇒参照：書式3：発信者情報開示命令申立書兼提供命令申立書（対CP一般発信者情報）
　　　　　　　（142ページ）
　　　　　　書式4：発信者情報開示命令申立書兼提供命令申立書（対CP特定発信者情報）
　　　　　　　（149ページ）

19　通常型の提供命令の場合，場合分けもあり主文が非常に長文となることから，主文を
　　目録として記載する方式が裁判所でも推奨されています。目録の詳細は146ページ。
20　仮処分で主張する保全の必要性とほぼ同じになることが大半だと思われます。

3 提供命令で提供されたAPに対する発信者情報開示命令申立て

⑴ 発信者情報開示命令以外は利用できない

　提供命令に基づきAPの氏名等情報が申立人に提供された段階では，実際にAPが発信者を特定するために必要な情報（IPアドレスなど）は未だCPの下にあります。CPが保有する発信者情報をAPに提供させることができるのは，発信者情報開示命令の枠組みのみとなります。

　このため，APに対する裁判外の開示請求等を行うことはできず，AP名が提供されたらとにかくそのAPに対して発信者情報開示命令を申し立てる必要があります。なお，申立先の管轄裁判所は，CPに対する発信者情報開示命令申立事件が係属している裁判所です。APに対して単独で申立てを行う場合の管轄裁判所と異なる場合もあります。

⑵ 申立ての趣旨

　提供命令で提供されたAPに対する発信者情報開示命令の申立ての趣旨は，APにおいて発信者を特定するキーとなる情報が何もない状態で行うため，独特なものとなります。APに対する発信者情報開示請求の方式として発信者情報目録記載例を何パターンか紹介しましたが（82ページ参照），いずれも利用できません。

　申立ての趣旨の記載例としては次のようになります（3点方式で記載したもの）。

　東京地方裁判所が令和〇年〇日付でした同裁判所同年（モ）第〇〇〇号提供命令申立事件に基づき［◆◆◆］から相手方に提供されたIPアドレスを，同様に提供された通信日時ころに相手方より割り当てられ，別紙接続先目録記載の接続先に接続した者に関する次の情報
　　① 氏名又は名称
　　② 住所

③　電話番号
④　電子メールアドレス

　先行する提供命令申立事件の事件番号とCP名を記載することで、そこから提供されるIPアドレス×タイムスタンプ×接続先という3点特定を行っています。接続先に関する情報は、CPからAPには提供されませんので、申立人が自分で調査を行い記載します。

⇒参照：書式11：発信者情報開示命令申立書（対AP提供命令経由・一般発信者情報）（181ページ）

　　　　書式12：発信者情報開示命令申立書（対AP提供命令経由・特定発信者情報）（187ページ）

(3)　審理方式と証拠番号

　CP段階で提供命令を活用し、APに対する発信者情報開示命令を申し立てると、このAPに対する事件はCPに対する発信者情報開示命令事件に併合されます。

　提出する証拠番号については、どの相手方に係るものかを明示するため、CP段階で提出した証拠は「甲」、AP段階で提出する証拠は「甲A」、全当事者に共通する証拠は「甲共」と符号を振りつつ、番号は被らないよう、かつ連番

図表12　証拠番号のイメージ

	甲（CP段階）	甲A（AP段階）	甲共（共通）
1	対象記事の写し		
2	whois検索結果		
⋮			
7		情報提供書	
8			陳述書

になるように振ることを裁判所は求めています。CP段階で対象記事などを甲1～6号証まで提出し，AP申立て時に甲A7号証としてCPからAPが開示された時の情報提供書を提出，最終的に権利侵害性に関する証拠である甲共8号証として陳述書を提出するといったイメージです。

9 その他の手続

1 ガイドラインに沿った開示請求

(1) 請求の方法

　発信者情報開示請求を行う場合には，裁判手続の利用が原則となります。もっとも，裁判外での発信者情報開示請求に応じるCPもまれにあり，またAP段階では発信者情報を確保させる目的で行うこともあることから，裁判外請求の詳細についてもご紹介します。

　裁判ではありませんので，書式や方式は自由ですが，インターネットサービスプロバイダ等で構成される一般社団法人テレコムサービス協会に事務局を置くプロバイダ責任制限法ガイドライン等検討協議会が，通信会社におけるプロバイダ責任制限法の運用についてのガイドラインを制定しており，書式等も公開されています[21]。大手のプロバイダ各社の運用も基本的にはこのガイドラインに沿ったものとなっています。ガイドラインの書式を用いずに内容証明郵便等で請求を行っても構いませんが，プロバイダ側で本人確認に必要な添付書類や権利侵害の各類型に必要な証拠資料を定めているケースが大半ですので，資料を同封できない内容証明郵便よりガイドラインに従って請求を行ったほうが

21　プロバイダ責任制限法関連情報Webサイト（http://www.isplaw.jp/）。このガイドラインに付属する書式は，開示請求をする者らの間で非公式に「テレサ書式」と呼ばれています。

無難です。

　なお，請求書類の送付先や必要な添付資料に関しては，請求を行う先のサイト管理者等が持つサイトに記載があることも多いため，まずは管理者側のサイトを確認するようにしてください。

　ガイドラインで請求書に添付することが求められている書類は，以下の通りです。

> ①　委任状（代理人による請求の場合）
> ②　印鑑登録証明書
> ③　請求者が個人の場合：公的な身分証明書の写し
> 　　請求者が法人の場合：登記事項証明書（資格証明書）
> ④　請求者の権利が侵害されていることを示す証拠資料

(2)　請求を受けたサイト管理者等の対応

　請求を受けたサイト管理者等は，発信者に連絡を取ることができない場合等を除き，原則として発信者に意見照会を行います。その後，回答期限を経て請求者に対し正式な回答を行うところが多く，意見照会の期間は7日から14日間とされていることが多いようです。

　なお，意見照会の際に，発信者に示してもよい情報の範囲や削除対象についてサイト管理者等より問い合わせがあることがありますので，連絡があった場合には早期に対応してください。

　請求を行ってから回答がなされるまでの期間は，多くの場合1カ月程度かかります。そのため，CP段階の場合，開示を拒否する回答があってから裁判を始めるのではアクセスログの保存期間を経過してしまう危険性が高く，基本的には裁判外の請求は行わずにいきなり裁判を行う方式を採用することになります。

　⇒参照：書式7：発信者情報開示請求書（161ページ）

2 仮処分

(1) 有効なケース

　CP段階では，現行法で導入された発信者情報開示命令を利用した発信者情報開示請求以外にも，従来から行われていた民事保全を利用した発信者情報開示仮処分命令の申立ても依然可能です。

　発信者情報開示命令と比較すると，保全の必要性の要件との兼ね合いから電話番号の開示請求ができないという不利益はありますが，無審尋での発令が可能，強制力の発動までの期間が短い，削除請求が同時にできるなどの有利な点もあります。

　このため，民訴条約や送達条約に加盟していない国の企業を相手取る場合（2ちゃんねるや5ちゃんねる）には仮処分が第一の選択肢になります。また，電話番号を保有している可能性のないCP（電話番号登録不要の電子掲示板サイトなど）に対して発信者情報開示請求をする場合も記事の削除も含めて1回の申立てで行えることから，仮処分も有効な選択肢になります。

　なお，APに対する発信者情報開示請求においては，保全の必要性の問題から仮処分が利用しづらく，発信者情報開示命令が最適です。

(2) 削除請求

　発信者情報開示命令において権利侵害性が判断された結果や別途行った裁判外の削除請求に応じて，CPが任意に当該記事を削除した場合以外は，記事の削除についても別途CPに対する裁判が必要です。

　この場合は原則としてCPに対する削除仮処分の申立てを行います[22]。

22　記事公開後時間が経過しすぎている等，保全の必要性が認められない場合には削除訴訟となりますが，基本的には仮処分で良いでしょう。

⑶　仮処分の手続

　仮処分を利用した場合のCPに対する発信者情報開示請求や，削除請求の詳細については，拙著『インターネットにおける誹謗中傷法的対策マニュアル〈第4版〉』にて詳細を解説しています。

3　米国ディスカバリーを活用した情報開示

⑴　活用場面

　Google LLCやMeta Platforms, Inc.などアメリカ合衆国のサイト管理者に対して情報開示を求める場合，同国のディスカバリー（discovery）という制度を利用して情報を取得することも可能です。最近になりネット権利侵害対策としても活用事例が出てきたところですので，日本法との違いやメリットなどを説明しておきましょう。

　ディスカバリーとは，裁判の相手方や第三者が保有する文書等の証拠について開示を求めることができる手続です。わが国の民事訴訟法でいうところの提訴前照会（民事訴訟法132条の2）や文書送付嘱託（民事訴訟法226条）を，より強力かつ広範にしたものとイメージしていただけるとわかりやすいでしょう。

　ディスカバリーは，アメリカ合衆国内の当事者が，裁判所で訴訟を提起した後に行われるものが多いのですが，それとは別に「外国及び国際法廷並びにその当事者のための援助」（合衆国連邦法典第28編1782条⒜）という制度があります。これはアメリカ国外にいる法廷手続の当事者のために，アメリカ国内での提訴を必要とせず，ディスカバリーを活用した証拠収集を認めるものです。よって，Google LLCやMeta Platforms, Inc.から，このディスカバリーを利用して情報を取得することも可能となります。

⑵　要　件

　ディスカバリーは，情報開示請求の相手方（ディスカバリーの対象者）が所

在する地区の裁判所（Googleならばカリフォルニア州）に対して申立てを行い，裁判官が申立てを認容することが必要です。

　申立てが認容されるために必要な法律上の要件としては，①対象者が裁判所の管轄内に存在すること，②ディスカバリーが外国裁判所での手続のために用いられること，③申立人が利害関係を有すること，の3つが求められています。これらはネット上の権利侵害への対処として活用する場合は問題なく認められることが多いでしょう。

　もっとも，この3要件を満たした場合，必ず申立てが認容されるわけではなく，認容されるか否かは，裁判官の裁量にゆだねられます。この際の考慮要素としては，ディスカバリーの対象者が予定されている裁判の当事者か否か，外国裁判所が連邦裁判所の司法援助を受け入れるか否か，証拠収集制限等を潜脱する意図がないか，そしてディスカバリー範囲の相当性です。ネット上の権利侵害への対処としてわが国から申し立てる場合，実質的に問題となるのは相当性の部分です。この点は，開示を求める情報がディスカバリー対象者にとって過度な負担とならないように，必要な範囲に限定されているかが問われます。ケースバイケースの判断で，申立ての一部が却下されることもありますが，アクセスログや，アカウントに登録されたメールアドレス・電話番号・氏名・住所等の範囲であれば，おおむね認容されています。

(3)　わが国の発信者情報開示請求制度との比較

　プロバイダ責任制限法に基づく開示請求は，開示対象を限定列挙するものですが，ディスカバリーは必要な情報であれば開示を命じる，いわば包括的な開示義務を認めるものです。情報開示の範囲が広い点は，わが国の制度と比較した場合のメリットになります。

　加えて，立証上の負担が軽いという非常に大きなメリットがあります。わが国の発信者情報開示請求の場合，違法性阻却事由という抗弁事由の不存在についても主張立証する必要があり，発信者不明の状態で事実関係を立証することの困難性があります。他方，ディスカバリーは，発信者に対する損害賠償請求

訴訟等のために認められるものですので，申立ての際にその訴訟が可能であること，つまり，不法行為等が成立することを示す必要があります（宣誓書を提出することが一般的です）が，実体的な要件としてはこのレベルで足り，抗弁事由の不存在について，申立人側の主張立証が厳しく求められるようなことはありません。

　なお，情報開示までの期間についてですが，まず申立てからディスカバリーが認められるまでの期間は，早ければ数日ですが数カ月程度のこともあります。また，申立てを認められた次の段階として，申立人からディスカバリー対象者に対して情報開示を求める書面（Subpoena）を送ることになりますが，その書面を受領したところで対象者側が情報確認やユーザーへの意見照会などを行うことになり，この期間も必要です（Google LLCは最低21日間は開示できないというスタンスです）。平均的には日本において発信者情報開示命令を申し立てるほうが期間的には速いと言えるでしょう。

Point

🔍 住所・氏名の秘匿制度

　裁判を提起する場合，訴状や申立書には申立てをする者の住所・氏名の記載が必要です。訴状や申立書は，裁判の相手方にもそのまま送付されます。性犯罪やDVの被害者が，加害者に対し，自己の氏名や住所を知られることをおそれ，権利行使を躊躇してしまうという指摘が従来よりなされてきました。

　インターネット上でのトラブルの場合，加害者と被害者に直接的な面識がない場合も多く，ネットでたまたま見かけた相手に誹謗中傷を投げかけるような場合ですと，住所はもちろん本名すら秘匿したいという場合も珍しくありません。

　このような問題の指摘を受け，当事者等の住所・氏名等を訴状等に記載しないこと等を認める秘匿決定の制度を創設する民事訴訟法改正がなされ，2023年2月20日より施行されています（民事訴訟法133条）。

　なお，この制度は，発信者情報開示命令（プロバイダ責任制限法17条），仮処分（民事保全法7条）にも準用されており，発信者情報開示請求においても利用が可能です。

　住所・氏名の秘匿が認められた場合，訴状等に記載する住所・氏名は「代替住所」「代替氏名」となります。代わりの住所・氏名を記載することで，真実の住所・氏名を相手方にも秘匿できるようになります。

　秘匿が認められるための要件は「相手方当事者に知られることによって社会生活を営むのに著しい支障を生ずるおそれがある場合」（民事訴訟法133条1項）です。なお，この要件の判断は立証ではなく疎明で足ります。

　発信者情報開示請求のために行う仮処分や発信者情報開示命令の相手方は，発信者ではなく，開示関係役務提供者です。

　しかし，申立書に記載した住所・氏名の情報は，発信者に対する意見聴取等のために，そのまま発信者に伝達されることがあります。また，事件番号がわかれば発信者が利害関係人として裁判記録を閲覧することも可能です。このため，プロバイダ責任制限法17条は，民事訴訟法の秘匿制度を準用する際に，民事訴訟法133条1項の「当事者」を「当事者又は利害関係参加人（非訟事件手続法（平成23年法律第51号）第21条第5項に規定する利害関係参加人をいう。第133条の4第1項，第2項及び第7項において同じ。）」と読み替えています。利害関係人である発信者に住所・氏名を知られることによって，社会生活を営むのに著しい支障を生ずるおそれがあるのであれば，発信者情報開示請求段階においても秘匿の申立てをしておくべきでしょう。

　もっとも，仮処分の場合には，前記のような読み替えがなされていないことから，秘匿制度を利用する必要性が高い事案においては，発信者情報開示命令の利用が適切です。

第 4 章

各サイトの留意点

代表的なサイトについて，サイトごとに発信者情報開示請求を行ううえでの留意点を整理します。

1 Twitter

1 概　要

「Twitter」（ツイッター）は，140文字以内の短文を投稿できるミニブログサービスです。日本国内でも多数のユーザーが利用しており，多くの企業や芸能人も利用しています。運営はTwitter, Inc.が担ってきましたが，2023年3月に同社がネバダ州法人の「X Corp.」に吸収合併されたことで，現在の運営主体は「X Corp.」となっています。

Twitterは法的な請求や利用規約違反行為の報告等を受け付けるウェブフォームを設置していますが，発信者情報開示請求の場合，ウェブフォームからの裁判外の請求では対応してもらえません。発信者情報開示請求を行う場合には，発信者情報開示命令か仮処分の申立てを行うことになります。

裁判を行う場合の管轄地に関しては，Twitter, Inc.は会社法817条に基づく日本における代表者を登記していたものの，本書執筆の2023年4月時点では，X Corp.はいまだ日本における代表者を登記していません（2023年7月追記：その後，2023年5月19日付でX Corp.も会社法817条に基づく日本における代表者を登記しました。管轄はTwitter, Inc.時代と変わらず東京都千代田区です）。

2 特定発信者情報開示請求の可否と保有する発信者情報

　Twitterはいわゆる「ログイン型」に分類される代表的なサイトです。Twitterが定める所定の情報を入力してアカウントを取得し，そのアカウントへログインを行ったうえで投稿を行う仕組みとなっています。

　発信者情報開示請求を行う場合，電話番号・メールアドレスといった登録情報から特定するか，侵害関連通信の記録から特定する方法を採用します。

　特定発信者情報開示請求の補充性要件との関係でTwitterの仕様を整理すると，侵害情報の送信であるログイン後の個別の投稿（Twitterではこれを「ツイート」と呼んでいます）について，TwitterはIPアドレスなどの通信記録を取得していません。通信記録としてはログインのための通信（侵害関連通信）に関するもののみを記録します。また，Twitterは氏名や住所の登録を行うものではなく，これらの情報も保有してはいません。

　Twitterが保有する可能性のある一般発信者情報は，登録情報としてのメールアドレス（総務省令2条3号）と電話番号（総務省令2条4号)，そしてツイート時刻として表示されている侵害情報の送信日時（総務省令2条8号）に限られます。

　よって，プロバイダ責任制限法5条1項3号ロに該当するウェブサイトと言えます。

　なお，Twitterはログアウト通信（総務省令5条3号）については，ログを取得しておらず，また発信元ポート番号（総務省令2条9号）についても保有していません。

3 発信者情報開示命令制度への対応状況

　発信者情報開示命令への対応については提供命令も含めて，ひとまずは裁判所の判断を尊重する対応を取っています。

　もっとも，発信者情報開示命令でも提供命令でも，発令から履行までに相当な期間を要している反面，仮処分命令については発令後速やかに対応しています。仮処分命令の場合，発令直後より保全執行が可能になるという性質があり，執行力の発生まで時間を要する発信者情報開示命令との違いが生じています。

　発信者情報開示命令を利用すると電話番号の開示請求と通信記録の開示請求を１つの手続でできることが魅力ですが，仮処分で通信記録を開示請求し，電話番号については発信者情報開示命令を申し立てるという２申立方式も選択肢に入ります。なお仮処分を行う場合でもTwitterは無担保で差し支えないというスタンスであり，無担保での発令が実務上定着しています。

4 発信者情報目録記載例

　Twitterに対する発信者情報開示請求を行う際はCPに対して特定発信者情報の開示請求を行う申立て書式をベースに，発信者情報目録を次のように記載してください。

【発信者情報目録】

別紙投稿記事目録記載の記事を送信したアカウントに関する以下の各情報
① 　相手方が保有するなかで同目録記載の投稿日時と最も近接する時刻になされたログインに使用されたIPアドレス及び同ログインの前後３日間になされたログインに使用されたIPアドレス
② 　別紙投稿記事目録記載の投稿日時より前にアカウントを開設するための通信に用いられたIPアドレス
③ 　前記①及び②の各IPアドレスが割り当てられた電気通信設備から，相手方の用いる電気通信設備に前記①及び②の各通信が送信された年月日及び時刻
④ 　電子メールアドレス
⑤ 　電話番号

①の後段に記載の，最近接ログインから「前後３日間になされたログインに使用されたIPアドレス」については，最近接ログインがソーシャルログインであったなど侵害情報の送信に無関係かつ発信者に到達しえない通信であった場合に備えるものです。東京地裁保全部においても発令の実績はありますが，争点化することも多くありますので裁判官およびTwitter側の対応を見つつ開示請求に含めるか否か（申立て後に取り下げるか）検討します。

また，②のアカウント作成通信について，Twitterの利用開始時期は対象のアカウントのプロフィール画面である程度確認できます。最近開設されたアカウントではない場合には，情報開示を受けても意味がないため，開示請求の対象に含めなくてもよいでしょう。

5 発信者情報開示の方式

発信者情報はTwitter, Inc.の担当者からの電子メールで開示されます。英文のメールとなりますので，開示がなされるまでは迷惑メールフォルダなどもまめにチェックをしてください。

開示されるアクセスログに記載されたタイムスタンプは，UTC（協定世界時）で表記されています。APに対して発信者情報開示請求を進めてゆく際には，日本時間に修正（＋９時間）する必要がありますので注意してください。

6 接続先情報

Twitter, Inc.に対する発信者情報開示請求に引き続き，通信に用いられたAPに対する開示請求に進む際，APの種類によってはIPアドレスとタイムスタンプのみの２点特定では発信者を１名に特定できない場合もあります。この場合，接続先の情報をAPに提示する必要がありますが，ログイン記録ですのでログインする際の情報の送信先の情報を接続先として調べることになります。

TwitterのログインページのURLは使用する端末ごとに異なりますが，ログ

インする場合の接続先ホストは以下の3つが確認できます。

> ① twitter.com
> ② mobile.twitter.com
> ③ api.twitter.com

　①はPC版ウェブブラウザを利用する場合，②はスマートフォンやモバイル端末でウェブブラウザを利用する場合，③はAPIやTwitterアプリを利用する場合です。この3つが接続先URLとなります。

　そして，この接続先URLを正引きして得られるIPアドレスが接続先IPアドレスとなります[1]。

　なお，Twitterは他の多くの大規模サイトと同じく負荷分散のためのシステムが導入されており，接続先URLと接続先IPアドレスが一対一対応になりません。1つのURLに対して複数のIPアドレスが紐づいています。このような場合，実際に通信が行われた際に使用された接続先IPアドレスはサイト管理者側で記録してもらわなければわからず，事後的な調査ではいくつかある候補のうちのいずれかという程度でしか判明しません。Twitterは接続先のIPアドレスを逐一記録はしていませんので，候補を示して次のうちいずれかという形でプロバイダに調査を依頼することになります。

　このため接続先を提示してもAP側で発信者の特定に成功しない場合もそれなりに発生します。Twitterが電話番号を保有している場合には通信記録よりも電話番号からの特定を狙うほうが確実です。

1　発信者情報開示請求を数多く手がける神田知宏弁護士（第二東京弁護士会）が，Twitterの接続先IPアドレスを継続的に調査し，ウェブサイトで調査結果を公開しています。弁護士 神田知宏　公式サイト：https://kandato.jp/term/destination_ip/

Point

🔍 Twitter, Inc.消滅直後の対応※

※2023年4月時点の内容です。X Corp.の代表者登記は2023年5月に完了しました。

　本文中に記載した通り，かねてよりTwitterを運営していたTwitter, Inc.はX Corp.に2023年3月に吸収合併され法人格が消滅しています。

　サービスとしてのTwitterの運営や発信者情報開示請求や削除請求に対する対応に関しては大きな変化はないようですが，裁判の相手方がX Corp.に変更となり，また同社は日本にける代表者登記が完了していないことから注意すべき点もあります。

　X Corp.が日本における代表者登記を完了させるまで，同社は日本に何らの拠点を有しない状態であり，「日本において事業を行う者」（法9条1項3号）としてわが国の国際裁判管轄を主張することが必要です。また，国内の土地管轄に関しては，発信者情報開示請求についてはプロバイダ責任制限法10条2項および発信者情報開示命令事件手続規則1条により，東京都千代田区となります。削除請求に関しては，不法行為地管轄として請求する者の住所地となります。

⇒参照：書式5：管轄上申書（158ページ）

　発信者情報開示命令手続において行われる申立書の写しの送付については，日本国内ではなくネバダ州のX Corp.本社で行う必要があります。もっとも，法11条1項は「送付」と規定し，送達が不要である旨を文言上も明記されています。国際送達ではなく，国際スピード郵便を利用した送付が可能であり，国内で手続が完結する場合よりも多少は期間を要することになるものの，そこまでの大幅な期間増にはならないと思われます。

　唯一，大きく対応が変わる部分が，申立書類の翻訳文の作成です。翻訳文に関しては，外国に対して裁判書類を送付する以上は仕方がない部分であり，日本における代表者の登記が完了するまでは対応する必要があります。

　なお，裁判の申立てに当たりX Corp.の資格証明書が必要です。同社が登録されているネバダ州では，わが国の裁判所が前提とするような資格証明書を発行していません。ネバダ州法人を相手に日本で裁判を行う場合，ネバダ州が電磁的な方法によって提供している企業情報と存続証明書を組み合わせて，わが国の裁判所で通用する資格証明書として利用する運用が実務上定着しています。証明書の取得方法やネバダ州の制度に関する説明は，拙著『インターネットにおける誹謗中傷法的対策マニュアル〈第4版〉』266ページ以下をご参照ください。また，

筆者が運営する海外法人登記取得代行センター（touki.world）でも提供しています。

2 Google（Googleマップ）

1 概　要

　Googleが提供する地図サービス「Googleマップ」には，地図上に店舗や施設を登録し，その施設についてクチコミや評価点を投稿することも可能です。

　Googleは法的な請求や利用規約違反行為の報告等を受け付けるウェブフォームを設置していますが，発信者情報開示請求の場合，ウェブフォームからの裁判外の請求では対応されません。発信者情報開示請求を行う場合には，発信者情報開示命令か仮処分の申立てを行うことになります。裁判の相手方となるのは，カリフォルニア州法人のGoogle LLCです。

　裁判を行う場合の管轄地の問題に関しては，Google LLCは会社法817条に基づく日本における代表者を登記しています。日本における代表者は日本国株式会社である「グーグル・テクノロジー・ジャパン株式会社」となっています[2]。

　日本における代表者である「グーグル・テクノロジー・ジャパン株式会社」の登記上の住所は東京都渋谷区になっており，裁判を行う場合の管轄も千代田区で取得できます。なお，Googleの日本法人であるグーグル合同会社もありますが，ウェブサービスとしてのGoogleの管理運営には関わっておらず，法的対処を行う場合はあくまで米国法人のGoogle LLCが相手になります。発信者情報開示命令等の裁判を行う場合には，日本の法務局が発行するGoogle LLCと

2　会社法817条の日本における代表者は自然人でなくとも可能です。

代表者であるグーグル・テクノロジー・ジャパン株式会社の登記事項証明書を用意してください[3]。

2 特定発信者情報開示請求の可否と保有する発信者情報

　Googleは，いわゆる「ログイン型」に分類されるサイトです。Googleが定める所定の情報を入力してアカウントを取得し，そのアカウントへログインを行ったうえでクチコミの投稿を行う仕組みとなっています。

　Googleが記録する通信ログも，原則として個々のクチコミの投稿についてではなく，アカウントへのログインに関する記録となります[4]。よって，発信者情報開示請求を行う場合，電話番号・メールアドレスといった登録情報から特定するか，侵害関連通信の記録から特定する方法を採用します。

　特定発信者情報開示請求の補充性要件との関係で整理すると，通信記録としてはログインのための通信（侵害関連通信）に関するもののみが原則として記録されます。また，Googleのアカウント開設時に氏名の入力欄はありますが，これは住所と紐づいて登録されるものではありません。

　Google側で保有する可能性のある一般発信者情報は，登録情報としてのメー

3　代表者たる自然人の資格証明が二重になるため，当事者表記は次のようになります。
アメリカ合衆国19808デラウェア州ウィルミントン，
リトル・フォールズ・ドライブ251
相手方　　Google　LLC
同代表者　日本における代表者
グーグル・テクノロジー・ジャパン株式会社
同代表者代表取締役　　ローラ・ガンディ
（送達先）
〒150-0002　　東京都渋谷区渋谷三丁目21番3号渋谷ストリーム
4　例外的に個々の投稿に関する通信記録が取得された例もありますが限定的です。補充性要件を満たす前提で特定発信者情報開示請求をなし，Google側より反論があれば変更するしかないでしょう。

ルアドレス（総務省令2条3号）と電話番号（総務省令2条4号），登録者の氏名，そしてクチコミの送信日時（総務省令2条8号）に限られます。

よって，法5条1項3号ロに該当するウェブサイトと言えます。

3 発信者情報開示命令制度への対応状況

発信者情報開示命令への対応については提供命令も含めて，裁判所の判断を尊重し協力的な対応を取っています。

もっとも，これは発信者情報開示命令に限ったことではありませんが，アクセスログの調査に相当時間がかかるようで，申立てから保有の確認，提供命令の発令から他の開示関係役務提供者の氏名等情報の確認までに相当な期間を要します。

さらに，アクセスログの調査については，ログイン情報について，侵害情報の送信の直前のログインと直後のログインのどちらがより侵害情報の送信と時間的に近接するかを判断するには時間がかかりすぎるとし，直前のみを調査するスタンスを取っています。

申立てから相当な期間が経過した段階でようやく投稿直前ログインについて抽出が完了するような状況となっており，AP段階の通信記録の保存期間を考えると，Googleについてはアクセスログからの発信者特定は非常に困難と言わざるを得ません。

4 発信者情報目録記載例

Googleに対する発信者情報開示請求を行う際は，CPに対して特定発信者情報の開示請求を行う申立て書式をベースに，発信者情報目録を次のように記載してください。

118

【発信者情報目録】

> 　別紙投稿記事目録記載の記事を送信したアカウントに関する以下の各情報
> ①　相手方が保有するなかで同目録記載の投稿日時と最も近接する時刻になされた
> 　　ログインに使用されたIPアドレス及び同ログインの前後３日間になされたログイ
> 　　ンに使用されたIPアドレス
> ②　別紙投稿記事目録記載の投稿日時より前にアカウントを開設するための通信に
> 　　用いられたIPアドレス
> ③　前記①及び②の各IPアドレスが割り当てられた電気通信設備から，相手方の用
> 　　いる電気通信設備に前記①及び②の各通信が送信された年月日及び時刻
> ④　電子メールアドレス
> ⑤　電話番号

　①の後段に記載の，最近接ログインから「前後３日間になされたログインに使用されたIPアドレス」については，最近接ログインがソーシャルログインであったなど侵害情報の送信に無関係かつ発信者に到達しえない通信であった場合に備えるものです。東京地裁保全部においても発令の実績はありますが，争点化することも多くありますので，裁判官およびGoogle側の対応を見つつ開示請求に含めるか否か（申立て後に取り下げるか）検討します。

Point

Q Googleの要請

　Googleは，発信者情報の保有の有無を確認すること自体がアメリカ合衆国法令との関係で問題であるとして，裁判所の命令が発令されるまでは，実際に保有している開示可能な情報の調査も行わないという対応をとることがあります。

　しかし，仮に保有していない情報について開示命令が発令されたら，なかなか大変なことになります。仮処分であれば起訴命令を申し立てて本案で覆せばよいのですが，本案訴訟や発信者情報開示命令が確定後に間接強制を申し立てられては，争う手段もなく困ってしまいます。そこで，Google側の対応として発信者情報目録に「ただし，裁判所が発令する日において相手方（債務者）が保有しか

つ直ちに利用可能なものに限る」という留保をつけることを求めてくることがあります。

　本来は，保有の有無はGoogle側で調査し明らかにすべき事項ですので，本文中で紹介した目録にはこの文言は入れていません。ただし，スムーズな手続進行を重視し，申立て段階から上記の留保文言を目録に加えてもよいでしょう。

　なお，発信者情報開示命令ではなくとも，提供命令や発信者情報消去禁止命令が発令された場合には，Googleも保有の有無を調査し回答しています。前述の留保文言をつけずに発令を求める場合には，発信者情報消去禁止命令を先行させて保有確認をしたうえで発信者情報開示命令を発令するという方法もあります。

5 接続先情報

Googleアカウントへのログインを行う際の接続先ホストは

> accounts.google.com

です。

　しかし，このURLは極めて多数のIPアドレスと紐づいており，接続先IPアドレスによる特定が必要なAPに当たってしまうと発信者の特定は非常に困難と思われます。

3 Facebook／Instagram

1 概　要

　SNSである「Facebook」と「Instagram」については，ともに米国法人であるMeta Platforms, Inc.が運営しています。

両サイトともに利用規約違反等の報告のためのウェブフォームがありますが，発信者情報開示請求に関しては裁判を利用することになります。

Meta Platforms, Inc.は会社法817条の日本における代表者登記を行っており，東京都千代田区に本店を置く「ビーコンサービス株式会社」が代表者として登記されています。裁判を行う場合の管轄も千代田区で取得できます。

発信者情報開示命令等の裁判を行う場合には，日本の法務局が発行するMeta Platforms, Inc.と代表者であるビーコンサービス株式会社の登記事項証明書を用意してください[5]。

2 発信者情報開示命令制度への対応状況

Meta Platforms, Inc.は，現行法で発信者情報開示命令制度が導入される前から，裁判所の判断があればそれを尊重するという姿勢をとっています。発信者情報開示命令についても同様であり，提供命令にも協力する姿勢のようです。

3 特定発信者情報開示請求の可否と保有する発信者情報

FacebookもInstagramも，いわゆる「ログイン型」に分類されるサイトです。ウェブサイト上で所定の情報を入力してアカウントを取得し，そのアカウントへログインを行ったうえで利用する仕組みとなっています。

運営者であるMeta Platforms, Inc.が記録する通信ログも，個々の投稿やコメントについてではなく，アカウントへのログインに関する記録となります。よって，発信者情報開示請求を行う場合，電話番号・メールアドレスといった登録情報から特定するか，侵害関連通信の記録から特定する方法を採用します。

特定発信者情報開示請求の補充性要件との関係で整理すると，通信記録とし

---

5 Googleと同じく代表者たる自然人の資格証明が二重になります。記載方法についてはGoogleに関する本書116ページ脚注3参照。

ては，Facebookについてはログインのための通信とログアウトのための通信が記録されます（ともに侵害関連通信）。Instagramに関してはログアウトのための通信は記録されず，ログインのための通信のみが記録されます。

　また，Facebookは実名制を謳っており，アカウント表示名は氏名となるのが原則ですが，これは住所と紐づいて登録されるものではなく，Facebook，Instagramともに住所情報は保有されません。

　よって，保有する可能性のある一般発信者情報は，登録情報としての電話番号（総務省令2条3号）とメールアドレス（総務省令2条4号），登録者の氏名，そしてクチコミの送信日時（総務省令2条8号）に限られます。

　よって，プロバイダ責任制限法5条1項3号ロに該当するウェブサイトと言えます。

4　発信者情報目録

　なお，ポート番号についてはFacebook・Instagramともに記録されません。

5　発信者情報目録記載例

　FacebookもInstagramもCPに対して特定発信者情報の開示請求を行う申立て書式をベースに申立書を記載することになりますが，Meta Platforms, Inc.は開示すべき発信者情報の特定のために，ユーザーアカウントをURLで正確に特定することを求めています。

　ユーザーアカウントのURLは，対象のアカウントのトップページ（Facebookであればそのアカウントの投稿が時系列で表示されているページ，Instagramであれば投稿が一覧になっているページ）のURLです。

【Facebook　発信者情報目録】

> ユーザーアカウント（https://www.facebook.com/*************）に関する次の情報，ただし，当該情報が入手可能であるものに限る。
> ① 相手方が保有するなかで同目録記載の投稿日時と最も近接する時刻になされたログインに使用されたIPアドレス及び同ログインの前後３日間になされたログインに使用されたIPアドレス
> ② 相手方が保有するなかで同目録記載の投稿日時と最も近接する時刻になされたログアウトに使用されたIPアドレス
> ③ 別紙投稿記事目録記載の投稿日時より前にアカウントを開設するための通信に用いられたIPアドレス
> ④ 前記①乃至③の各IPアドレスが割り当てられた電気通信設備から，相手方の用いる電気通信設備に前記①乃至③の各通信が送信された年月日及び時刻
> ⑤ 電子メールアドレス
> ⑥ 電話番号

　Instagramについては，ログアウトを除き以下のようになります。

【Instagram　発信者情報目録】

> ユーザーアカウント（https://www.instagram.com/******/）に関する次の情報，ただし，当該情報が入手可能であるものに限る。
> ① 相手方が保有するなかで同目録記載の投稿日時と最も近接する時刻になされたログインに使用されたIPアドレス及び同ログインの前後３日間になされたログインに使用されたIPアドレス
> ② 別紙投稿記事目録記載の投稿日時より前にアカウントを開設するための通信に用いられたIPアドレス
> ③ 前記①または②の各IPアドレスが割り当てられた電気通信設備から，相手方の用いる電気通信設備に前記①または②の各通信が送信された年月日及び時刻。
> ④ 電子メールアドレス
> ⑤ 電話番号

4 その他のサイトに関して

1 Amazon

相手方（運営主体）	アマゾンジャパン合同会社
推奨ルート	発信者の住所・氏名・電話番号を発信者情報開示命令で請求
管轄	東京都目黒区
ヒント	・Amazonには購入者情報として登録している住所・氏名・電話番号があるため，それを直接開示請求します。

2 5ちゃんねる

相手方（運営主体）	Loki Technology, Inc.（フィリピン）
推奨ルート	仮処分（無審尋）
管轄	東京都千代田区（民事訴訟法10条の2）
ヒント	・投稿時のIPアドレスなどを請求します。 ・フィリピンは送達条約・民訴条約未加盟国であり，発信者情報開示命令の利用は困難です。 ・Loki Technology, Inc.は日本における代表者の登記をしておらず資格証明書をフィリピンから取り寄せる必要がありますが，フィリピン国外への発送は対応していません。郵送で取り寄せることは不可能ですので，筆者が運営する「海外法人登記取得代行センター」（https://touki.world/）など証明書取得代行サービスを提供している企業を利用するのが現実的です。 ・拙著『インターネットにおける誹謗中傷法的対策マニュアル〈第4版〉』212ページ〜に詳細な説明があります。

3 2ちゃんねる

相手方（運営主体）	PACKET MONSTER　INC.　PTE.　LTD.（シンガポール）
推奨ルート	仮処分（無審尋）
管轄	東京都北区（民事訴訟法4条5項）
ヒント	・投稿時のIPアドレスなどを請求します。 ・シンガポールは送達条約・民訴条約未加盟国であり，発信者情報開示命令の利用は困難です。 ・法人役員が誰一人存在しない状態になっており，特別代理人の選任が必要です。 ・無審尋かつ発令後の送達を遅らせておき，発令後2ちゃんねるの公開掲示板上で決定を通知して任意の履行を促します。 ・拙著『インターネットにおける誹謗中傷法的対策マニュアル〈第4版〉』192ページ〜に詳細な説明があります。

4 FC2

相手方（運営主体）	FC2, Inc.（アメリカ合衆国ネバダ州）
推奨ルート	仮処分
管轄	東京都千代田区（民事訴訟法10条の2）
ヒント	・投稿時のIPアドレスやアカウントに登録されたメールアドレス・電話番号を保有しています。 ・発信者情報開示命令については，これまでの送達関係の対応に鑑み発令後にスムーズに履行される可能性は低いと思われます。 ・仮処分決定発令後は，ウェブフォームから決定書を送付し任意の履行を促します。 ・拙著『インターネットにおける誹謗中傷法的対策マニュア

ル〈第4版〉』264ページ～に詳細な説明があります。

5 爆サイ.com

相手方（運営主体）	トラスト爆サイ.com係（任意団体）
推奨ルート	裁判外開示請求
管轄	不明
ヒント	・投稿時のIPアドレスなどを請求します。 ・運営主体の詳細は非公開ですが，任意開示に応じています。 ・拙著『インターネットにおける誹謗中傷法的対策マニュアル〈第4版〉』256ページ～に詳細な説明があります。

書式 **1**　発信者情報開示命令申立書（対CP一般発信者情報）

発信者情報開示命令申立書

貼用印紙

令和○年○月○日

東京地方裁判所民事第9部　御中

申立人代理人　弁護士　○○　○○　印

当事者の表示

　別紙当事者目録記載のとおり

事件の表示

　発信者情報開示命令申立事件　【※1】

申立ての趣旨

　1　相手方は，申立人に対し別紙発信者情報目録記載の各情報を開示せよ
　2　申立費用は相手方の負担とする　【※2】
との裁判を求める。

申立ての理由

1 当事者

(1) 申立人

申立人は，T県においてパンの製造販売を行っている株式会社である（甲1：申立人ウェブページ）。

(2) 相手方

相手方は，インターネットで閲覧可能な電子掲示板サイト「C」（以下，「本件サイト」という）を設置・運営し，そのシステムを管理している者である（甲2－1：利用規約，甲2－2：whois検索結果）。

本件サイトは，誰でもこれを閲覧し又はこれに書き込みをすることが可能であり，本件サイトに書き込まれる情報は，相手方が用いる電気通信設備を通じて電気通信により送信され，本件サイトにアクセスする不特定の者によって受信されることとなる。よって，本件サイトの用に供されるサーバー等の一連の設備は特定電気通信設備（特定電気通信役務提供者の損害賠償責任の制限及び発信者情報の開示に関する法律（以下，「プロバイダ責任制限法」という）2条2号に該当し，これを管理する相手方は特定電気通信役務提供者（プロバイダ責任制限法2条3号）に当たる。

したがって，相手方は本件サイトを介して不特定の者に発信される情報についてプロバイダ責任制限法5条1項柱書に規定する特定電気通信役務提供者であり，開示関係役務提供者（プロバイダ責任制限法2条7号）としての義務を負っている。

2 発信者情報開示請求権

(1) 別紙投稿記事目録の記事（以下「本件記事」という）の流通

本件サイトには申立人に関する本件記事が掲載されており，インターネットを通じて不特定人に広く公開されている（甲3：本件記事）。

(2) 権利侵害の明白性

権利侵害の明白性とは，権利侵害の客観的な事実が存在することおよび，その権利侵害につき違法性を阻却する事由が存在しないことを意味するが，発信者の主観に関わる責任阻却事由が存在しないことまでは意味しない。そして，違法性阻却事由の不存在に関する主張立証責任は開示請求者において負うものであるが，違法性阻却事由の存在をうかがわせる事情が認められないときは，違法性阻却事由は存在しないものと認められる。

本件記事は，別紙権利侵害の説明記載のとおり申立人の権利を侵害するもので

ある。また，別紙権利侵害の説明の通り違法性阻却事由の存在をうかがわせるような事情も存在しない。

　したがって，申立人が本件記事の公開によって権利を侵害されていることは明白であって，権利侵害の明白性の要件を満たす。

⑶　**開示を受けるべき正当な理由**

　申立人は，本件記事の発信者に対して，損害賠償請求や記事削除差止等を求める予定であるが，この権利を行使するためには，相手方が保有する別紙発信者情報目録記載の各情報の開示を受ける必要がある。

⑷　**発信者情報の保有**

　相手方は，本件記事に関し，別紙発信者情報目録記載の各情報を保有している。

3　結　論

　よって，申立人は，プロバイダ責任制限法5条1項に基づき相手方に対し，同法8条による発信者情報開示命令申立てとして別紙発信者情報目録記載の各情報の開示を求める。

証拠方法

　　証拠説明書1記載のとおり

附属書類

1	証拠説明書1	1通
2	甲号証写し	各1通
3	資格証明書	2通
4	手続代理委任状	1通

以上

当事者目録

〒○○○-××××

○県○市△△△△△△△△△

申立人　U株式会社

130

上記代表者代表取締役　Ａ

〒○○○－××××
○県○市△△△△△△△△
○○法律事務所
電　話　××－××××－××××　　ＦＡＸ　××－××××－××××
上記申立人代理人　弁護士　○○　○○

〒○○○－××××
東京都○区△△△△△△△△
相手方　Ｃコンテンツ株式会社
上記代表者代表取締役　○○　○○

以上

（別紙）

発信者情報目録

1　別紙投稿記事目録記載の記事を投稿した際のIPアドレス
2　前項のIPアドレスが割り当てられた電気通信設備から，相手方の用いる特定
　　電気通信設備に前項の各記事が送信された年月日及び時刻
3　第１項のIPアドレスと組み合わされた接続元ポート番号　【※３】

以上

投稿記事目録

閲覧用URL　https://────────────────

| 番号 | 124 | 投稿日時 | 2023/01/15 15：58：17.31 |

| 投稿内容 | 元従業員だけど，Ｕパンの使ってる小麦はほんとは国産じゃなくて安い中国産 |

以上

権利侵害の説明

1　同定可能性

　本件記事は【国産小麦100％Uパンを語るスレ】に投稿されたものである。

　また，本件記事にも「Uパン」の記載があり，本件記事が申立人に関する話題を投稿したものであることが読み取れる。

2　社会的評価の低下

　本件記事は，「元従業員」を名乗りつつ，申立人が製造する「Uパン」について，原料の小麦が国産ではなく安価な中国産であるとの事実を摘示している。

　申立人は，Uパンの販売において，国産小麦を使用していることをうたっているところ，本件記事が指摘するように中国産のものを使用しているとすれば，原材料の産地偽装にほかならず，申立人の社会的評価を低下させることは明らかである。

3　違法性阻却事由の不存在

　本件記事は形式的には公共の利害に関わる事項と見る余地もある。

　しかし，申立人が製造する「Uパン」に使用されている小麦の産地は商品の表示のとおり国産であり産地表示の偽装を行っているとの内容はまったくの虚偽である（甲5：注文書　甲5：陳述書）。

4　結　論

　よって，本件記事は申立人の社会的評価を低下させ，違法性阻却事由をうかがわせる事情も存在しない。

　したがって申立人の名誉権を侵害することは明らかである。

以上

【解説】

　電子掲示板系のCPに対して一般発信者情報としてアクセスログの開示請求を発信者情報開示命令手続で行う場合の書式です。

※1

　発信者情報開示命令では訴訟と同じく事件表示をすることが最高裁規則で義務付けられています。この書式では発信者情報開示命令のみですが，提供命令や消去禁止命令を併せて申し立てる場合には「提供命令申立事件」「消去禁止命令申立事件」も併記します。

※2

　非訟事件の手続費用は各自の負担とするのが原則です（非訟事件手続法26条1項）。

　しかし，事情により全部または一部を他の者に負担させることも可能と定められています（同条2項）。実際にこの規定が適用され相手方負担になることはほぼあり得ませんが，発信者情報開示に要する費用については，発信者に対する損害賠償請求の際に慰謝料等とは別個の積極損害として請求することになるため，費用負担の申立てをしておいたほうが損害賠償請求段階において有利だと思われます。これをしないと，法律上はプロバイダに手続費用を負担させる余地があるのにもかかわらず，開示請求者はそれを怠ったとして，発信者情報開示請求事件の訴訟費用相当分については因果関係を否定する事情として考慮されてしまうかもしれません。

※3

　接続元ポート番号を保有しているCPはあまり多くはありません。不保有の場合には削ってください。なお，通信に用いられるポートには接続元（発信者側）と接続先（CP側）がありますので，CPにわかりやすいよう「接続元ポート番号」と表記しています。

書式2　発信者情報開示命令申立書(対CP特定発信者情報)

発信者情報開示命令申立書

貼用印紙

令和○年○月○日

東京地方裁判所民事第9部　御中

申立人代理人　弁護士　○○　○○　印

当事者の表示

別紙当事者目録記載のとおり

事件の表示

発信者情報開示命令申立事件　【※1】

申立ての趣旨

1　相手方は，申立人に対し別紙発信者情報目録記載の各情報を開示せよ

2　申立費用は相手方の負担とする　【※2】

との裁判を求める。

申立ての理由

1　当事者

(1)　申立人

　申立人は，T県においてパンの製造販売を行っている株式会社である（甲1：申立人ウェブページ）。

(2)　相手方

　相手方は，インターネットで閲覧可能なSNS「T」（以下，「本件サイト」とい

いう）を設置・運営し，そのシステムを管理している者である（甲2−1：利用規約，甲2−2：whois検索結果）。

本件サイトは，誰でもこれを閲覧し又はこれに書き込みをすることが可能であり，本件サイトに書き込まれる情報は，相手方が用いる電気通信設備を通じて電気通信により送信され，本件サイトにアクセスする不特定の者によって受信されることとなる。よって，本件サイトの用に供されるサーバー等の一連の設備は特定電気通信設備（特定電気通信役務提供者の損害賠償責任の制限及び発信者情報の開示に関する法律（以下，「プロバイダ責任制限法」という）2条2号に該当し，これを管理する相手方は特定電気通信役務提供者（プロバイダ責任制限法2条3号）に当たる。

したがって，相手方は本件サイトを介して不特定の者に発信される情報についてプロバイダ責任制限法5条1項柱書に規定する特定電気通信役務提供者であり，開示関係役務提供者（プロバイダ責任制限法2条7号）としての義務を負っている。

2　発信者情報開示請求権

⑴　別紙投稿記事目録の各記事（以下「本件記事」という）の流通

本件サイトには申立人に関する本件記事が掲載されており，インターネットを通じて不特定人に広く公開されている（甲3：本件記事）。

⑵　権利侵害の明白性

権利侵害の明白性とは，権利侵害の客観的な事実が存在することおよび，その権利侵害につき違法性を阻却する事由が存在しないことを意味するが，発信者の主観に関わる責任阻却事由が存在しないことまでは意味しない。そして，違法性阻却事由の不存在に関する主張立証責任は開示請求者において負うものであるが，違法性阻却事由の存在をうかがわせる事情が認められないときは，違法性阻却事由は存在しないものと認められる。

本件記事は，別紙権利侵害の説明記載のとおり申立人の権利を侵害するものである。また，別紙権利侵害の説明の通り違法性阻却事由の存在をうかがわせるような事情も存在しない。

したがって，申立人が本件記事の公開によって権利を侵害されていることは明白であって，権利侵害の明白性の要件を満たす。

⑶　開示を受けるべき正当な理由

申立人は，本件記事の発信者に対して，損害賠償請求や記事削除差止等を求め

る予定であるが，この権利を行使するためには，相手方が保有する別紙発信者情報目録記載の各情報の開示を受ける必要がある。

⑷　**特定発信者情報の開示請求権（補充性要件）【※3】**

　本件サイトは，アカウントを取得してログインを行ったうえで投稿を行う仕組みであるが，相手方はログイン後の個別の投稿に関する通信記録を取得しておらず，通信記録としてはログインのための通信に関するものしか保有していない。

　また，本件サイトは氏名や住所の登録を行うものではなく，相手方はこれらの情報も保有していない（甲4：文献）。

　よって，本件各記事につき相手方が保有する可能性のある特定発信者情報以外の発信者情報（いわゆる一般発信者情報）は，特定電気通信役務提供者の損害賠償責任の制限及び発信者情報の開示に関する法律施行規則（以下，「総務省令」とする）2条3号4号8号に限られる。

　したがって，プロバイダ責任制限法5条1項3号ロが定める補充性要件を満たしている。

⑸　**発信者情報の保有**

　相手方は，本件記事に関し，別紙発信者情報目録記載の各情報を保有している。

⑹　**発信者に到達しえないログイン記録の存在　【※4】**

　ログイン時IPアドレスについては，侵害情報の送信と「相当の関連性」（総務省令5条柱書）を有するものが発信者情報となり，基本的には侵害情報の送信と時間的に最も近接するものが該当する。しかし，本件サイトのアカウントは，本件サイト以外の他社のサービスを利用するためのログインIDとしても活用されており（いわゆるソーシャルログイン），相手方が記録しているログイン情報は本サイト利用のためのログインに限らず，ソーシャルログインの記録も多数含まれている。

　このソーシャルログインについては侵害情報の送信のために行われた通信ではないうえ，発信者に到達することも困難な通信である。よって，相当の関連性を有する通信の判断においてソーシャルログインを除外しなければ発信者の最終的な特定は不可能となり，特定発信者情報の開示請求権を創設した趣旨を全うできない。もっとも，ソーシャルログインか否かは実際に発信者情報の開示を受けて検討した後でなければ申立人も判断できないうえ，開示前の段階で相手方がこれを判断することも不可能である。

　このような本件に特殊な事情を前提に解すれば，侵害情報の送信と時間的に最も近接するログイン通信と，その通信がソーシャルログインである可能性を考慮

し前後の近接する時間帯になされたログイン通信についても「相当の関連性」を有する侵害関連通信に該当する。

3 結 論

　よって，申立人は，プロバイダ責任制限法5条1項に基づき相手方に対し，同法8条による発信者情報開示命令申立てとして別紙発信者情報目録記載の各情報の開示を求める。

証拠方法

　証拠説明書1記載のとおり

附属書類

1	証拠説明書1	1通
2	甲号証写し	各1通
3	資格証明書	2通
4	手続代理委任状	1通

以上

当事者目録

〒○○○－××××
○県○市△△△△△△△△
申立人　U株式会社
上記代表者代表取締役　A

〒○○○－××××
○県○市△△△△△△△△
○○法律事務所
電　話　××－××××－××××　FAX　××－××××－××××
上記申立人代理人　弁護士　○○　○○

アメリカ合衆国　〇〇州，〇〇〇〇〇〇，

〇〇〇〇〇〇××××　△△××××

相手方　T, Inc.

同代表者　日本における代表者　〇〇　〇〇

（送付先）

〒〇〇〇－××××　東京都〇区△△△△△△△△

以上

（別紙）

発信者情報目録

　別紙投稿記事目録記載の各記事を送信したアカウントに関する以下の各情報

① 　相手方が保有するなかで同目録記載の投稿日時と最も近接する時刻になされたログインに使用されたIPアドレスおよび同ログインの前後3日間になされたログインに使用されたIPアドレス　【※4】

② 　別紙投稿記事目録記載の投稿日時より前にアカウントを開設するための通信に用いられたIPアドレス

③ 　前記①及び②の各IPアドレスと組み合わされた接続元ポート番号　【※5】

④ 　前記①及び②の各IPアドレスが割り当てられた電気通信設備から，相手方の用いる電気通信設備に前記①及び②の各通信が送信された年月日及び時刻

⑤ 　電子メールアドレス

⑥ 　電話番号

以上

投稿記事目録

アカウント　https://********** /************

1

閲覧用URL	https://********** /************ /******** /********

投稿日時	午後7：18・2023年1月20日
投稿内容	社長はヤクザみたいに柄が悪い。今は知らんけど，俺が居た頃は社長がバイトを殴ったりしてた

2

閲覧用URL	https://********** /************ /******** /********
投稿日時	午後7：19・2023年1月20日
投稿内容	残業代出なかったので辞めた

以上

権利侵害の説明

1　同定可能性

　本件各記事を投稿したアカウントは，表示名を「元パン屋」とし，製パン業に関する話題を中心に投稿している。

　そして，本件各記事の投稿に至る前の2022年12月の投稿には，申立人の製造するパンを紹介する記事をリツイートしたものや，本件記事の発信者が過去に申立人の店舗に勤務していたことなどが投稿されている。

　よって，本件各記事も話題の共通性などからして，申立人に対して言及したものであることが読み取れる。

2　別紙投稿記事目録記載1（本件記事1とする）の記事

⑴　社会的評価の低下

　本件記事1は「俺が居た頃は社長がバイトを殴ったりしてた」と，申立人において代表者が従業員に暴力を振るっていたとの事実を摘示している。

　このような行為を企業の代表者が行っていたとすれば，代表者個人の民事上刑事上の責任が問われるのはもちろん，雇用契約上の安全配慮義務や労働環境という意味で，雇用主体である当該企業自体の社会的評価も低下することは当然である。よって，本件記事1は申立人の社会的評価を低下させるものである。

⑵　違法性阻却事由の不存在

　しかし，申立人の代表者はこれまで従業員に対して暴力を振るったことはない。

従業員ないし元従業員から申立人ないし申立人代表者に対して，パワーハラスメント行為や暴力行為等を理由に裁判その他の法的請求がなされたこともない。

　よって，本件記事1は，虚偽の事実を摘示したものであり，違法性阻却事由をうかがわせる事情は認められない。

3　別紙投稿記事目録記載2（本件記事2とする）の記事

⑴　社会的評価の低下

　申立人の店舗での勤務時において残業代が支払われなかったとの事実を摘示している。

　残業代の未払いは違法であり，求職者の関心も高いことから，申立人の社会的評価を低下させる事実の摘示と言える。

⑵　違法性阻却事由の不存在

　しかし，申立人においては適正に時間外賃金の支払いをしている。過去に労働基準監督署から指摘を受けた事実もない。

　よって，本件記事2は，虚偽の事実を摘示したものであり，違法性阻却事由をうかがわせる事情は認められない。

4　結　論

　以上のとおり，本件各記事はいずれも申立人の名誉権を侵害することが明らかである。

以上

【解説】

　SNS運営者などの侵害情報通信に関するアクセスログを記録しないCPを相手に，アカウント登録情報および特定発信者情報の開示請求を行う場合の発信者情報開示命令申立書の書式です。

※1

　発信者情報開示命令の申立書には，訴訟と同じく事件表示をすることが最高裁規則で義務付けられています。この書式では発信者情報開示命令のみですが，提供命令や消去禁止命令を併せて申し立てる場合には「提供命令申立事件」

「消去禁止命令申立事件」も併記します。

※2

　非訟事件の手続費用は各自の負担とするのが原則です（非訟事件手続法26条1項）。しかし，事情により全部または一部を他の者に負担させることも可能と定められています（同条2項）。実際にこの規定が適用され相手方負担になることはほぼあり得ませんが，発信者情報開示に要する費用については，発信者に対する損害賠償請求の際に慰謝料等とは別個の積極損害として請求することになるため，費用負担の申立てをしておいたほうが損害賠償請求段階において有利だと思われます。これをしないと，法律上はプロバイダに手続費用を負担させる余地があるのにもかかわらず，開示請求者はそれを怠ったとして，発信者情報開示請求事件の訴訟費用相当分については因果関係を否定する事情として考慮されてしまうかもしれません。

※3

　特定発信者情報の開示請求を行う場合には，このように追加の主張が必要です。

　各サイトの具体的なログ確保状況や，それに関する証拠資料は本書第4章の各サイトの記述を利用してください。

※4

　相当の関連性を拡大するための解釈論と目録の記載です。なお，通説的解釈ではありません。場合によっては発令の障害になる可能性がありますので，状況を見て発信者情報開示請求の範囲を限定してください。

※5

　接続元ポート番号を保有しているCPはあまり多くはありません。不保有の場合には削ってください。なお，通信に用いられるポートには接続元（発信者

側）と接続先（CP側）がありますので，CPにわかりやすいよう「接続元ポート番号」と表記しています。

書式 3 発信者情報開示命令申立書兼提供命令申立書(対CP一般発信者情報)

発信者情報開示命令申立書

貼用印紙

令和○年○月○日

東京地方裁判所民事第9部　御中

申立人代理人　弁護士　○○　○○　印

当事者の表示

別紙当事者目録記載のとおり

事件の表示

発信者情報開示命令申立事件，提供命令申立事件　【※1】

申立ての趣旨　【※2】

1　発信者情報開示命令の申立て
⑴　相手方は，申立人に対し別紙発信者情報目録記載の各情報を開示せよ
⑵　申立費用は相手方の負担とする　【※3】
との裁判を求める。
2　提供命令の申立て
別紙主文目録記載の裁判を求める。

申立ての理由

第1　当事者
1　申立人
　申立人は，T県においてパンの製造販売を行っている株式会社である（甲1：

申立人ウェブページ）。

2　相手方

　相手方は，インターネットで閲覧可能な電子掲示板サイト「C」（以下，「本件サイト」という）を設置・運営し，そのシステムを管理している者である（甲2－1：利用規約，甲2－2：whois検索結果）。

　本件サイトは，誰でもこれを閲覧し又はこれに書き込みをすることが可能であり，本件サイトに書き込まれる情報は，相手方が用いる電気通信設備を通じて電気通信により送信され，本件サイトにアクセスする不特定の者によって受信されることとなる。よって，本件サイトの用に供されるサーバー等の一連の設備は特定電気通信設備（特定電気通信役務提供者の損害賠償責任の制限及び発信者情報の開示に関する法律（以下，「プロバイダ責任制限法」という）2条2号に該当し，これを管理する相手方は特定電気通信役務提供者（プロバイダ責任制限法2条3号）に当たる。

　したがって，相手方は本件サイトを介して不特定の者に発信される情報についてプロバイダ責任制限法5条1項柱書に規定する特定電気通信役務提供者であり，開示関係役務提供者（プロバイダ責任制限法2条7号）としての義務を負っている。

第2　発信者情報開示命令の申立て

1　別紙投稿記事目録の記事（以下「本件記事」という）の流通

　本件サイトには申立人に関する本件記事が掲載されており，インターネットを通じて不特定人に広く公開されている（甲3：本件記事）。

2　権利侵害の明白性

　権利侵害の明白性とは，権利侵害の客観的な事実が存在することおよび，その権利侵害につき違法性を阻却する事由が存在しないことを意味するが，発信者の主観に関わる責任阻却事由が存在しないことまでは意味しない。そして，違法性阻却事由の不存在に関する主張立証責任は開示請求者において負うものであるが，違法性阻却事由の存在をうかがわせる事情が認められないときは，違法性阻却事由は存在しないものと認められる。

　本件記事は，別紙権利侵害の説明記載のとおり申立人の権利を侵害するものである。また，別紙権利侵害の説明のとおり違法性阻却事由の存在をうかがわせるような事情も存在しない。

　したがって，申立人が本件記事の公開によって権利を侵害されていることは明白であって，権利侵害の明白性の要件を満たす。

144

3 開示を受けるべき正当な理由

申立人は，本件記事の発信者に対して，損害賠償請求や記事削除差止等を求める予定であるが，この権利を行使するためには，相手方が保有する別紙発信者情報目録記載の各情報の開示を受ける必要がある。

4 発信者情報の保有

相手方は，本件記事に関し，別紙発信者情報目録記載の各情報を保有している。

5 結論

よって，申立人は，プロバイダ責任制限法5条1項に基づき相手方に対し，同法8条による発信者情報開示命令申立てとして別紙発信者情報目録記載の各情報の開示を求める。

第3 提供命令の必要性

このように申立人は相手方に別紙発信者情報目録記載の各情報の開示を求めているが，相手方が発信者情報として保有する情報のみでは，発信者の特定に至らないことが通常であり，引き続き経由プロバイダ等に対する情報開示請求が必要となる可能性が高い。

しかし，経由プロバイダにおける通信記録の保存期間は短い場合では3カ月程度と短期間に限られるため（甲4：文献 【※4】），「発信者情報開示命令の申立てに係る侵害情報の発信者を特定することができなくなることを防止するため」（プロバイダ責任制限法15条1項）早急に経由プロバイダの名称等につき提供を受ける必要がある。

証拠方法

証拠説明書1記載のとおり

附属書類

1	証拠説明書1	1通
2	甲号証写し	各1通
3	資格証明書	2通
4	手続代理委任状	1通

以上

当事者目録

〒○○○－××××
○県○市△△△△△△△△
申立人　Ｕ株式会社
上記代表者代表取締役　Ａ

〒○○○－××××
○県○市△△△△△△△△
○○法律事務所
電　話　××－××××－××××　　ＦＡＸ　××－××××－××××
上記申立人代理人　弁護士　○○　○○

〒○○○－××××
東京都○区△△△△△△△△
相手方　Ｃコンテンツ株式会社
上記代表者代表取締役　○○　○○

以上

（別紙）

発信者情報目録

1　別紙投稿記事目録記載の記事を投稿した際のIPアドレス
2　前項のIPアドレスが割り当てられた電気通信設備から，相手方の用いる特定
　　電気通信設備に前項の各記事が送信された年月日及び時刻
3　第1項のIPアドレスと組み合わされた接続元ポート番号　【※5】

以上

投稿記事目録

閲覧用URL　https://——————————————

| 番号 | 124 | 投稿日時 | 2023/01/15 15:58:17.31 |

| 投稿内容 | 元従業員だけど，Uパンの使ってる小麦はほんとは国産じゃなくて安い中国産 |

以上

主文目録

1　相手方は，申立人に対し，次のイ又はロに掲げる場合の区分に応じ，当該イ又はロに定める事項を書面又は電磁的方法により提供せよ。

　イ　相手方が，別紙発信者情報目録記載の情報のうち相手方が保有するものにより，別紙投稿記事目録記載の情報に係る他の開示関係役務提供者（当該情報の発信者であると認められるものを除く。以下同じ。）の氏名又は名称及び住所（以下「他の開示関係役務提供者の氏名等情報」という。）の特定をすることができる場合

当該他の開示関係役務提供者の氏名等情報

　ロ　相手方が別紙発信者情報目録記載1の情報を保有していない場合又は保有する当該情報により上記イに規定する特定をすることができない場合　【※6】

その旨

2　相手方が，前項の命令により他の開示関係役務提供者の氏名等情報の提供を受けた申立人から，申立人が当該他の開示関係役務提供者に対して別紙投稿記事目録記載の情報についての発信者情報開示命令の申立てをした旨の書面又は電磁的方法による通知を受けたときは，相手方は，当該他の開示関係役務提供者に対し，別紙発信者情報目録記載の情報のうち相手方が保有するものを書面又は電磁的方法により提供せよ。

> ## 権利侵害の説明
> （省略）

【解説】

　電子掲示板系のCPに対して一般発信者情報としてアクセスログの開示請求を発信者情報開示命令で行いつつ，提供命令（通常型）も同時に申し立てる場合の書式です。

※ 1

　発信者情報開示命令の申立書には，訴訟と同じく事件表示をすることが最高裁規則で義務付けられています。「発信者情報開示命令」「提供命令申立事件」「消去禁止命令申立事件」のうち，申立てを行う事件類型をすべて記載します。

※ 2

　発信者情報開示命令と提供命令は別事件として処理され，決定も別のタイミングで発令されます。そのため，申立ての趣旨も事件ごとに完全に分けて記載します。

※ 3

　非訟事件の手続費用は各自の負担とするのが原則です（非訟事件手続法26条1項）。しかし，事情により全部または一部を他の者に負担させることも可能と定められています（同条2項）。実際にこの規定が適用され相手方負担になることはほぼあり得ませんが，発信者情報開示に要する費用については，発信者に対する損害賠償請求の際に慰謝料等とは別個の積極損害として請求することになるため，費用負担の申立てをしておいたほうが損害賠償請求段階において有利だと思われます。これをしないと，法律上はプロバイダに手続費用を負担させる余地があるのにもかかわらず，開示請求者はそれを怠ったとして，発

信者情報開示請求事件の訴訟費用相当分については因果関係を否定する事情として考慮されてしまうかもしれません。

※4

　提供命令の必要性を基礎づける証拠として，AP段階で通信記録が早期に消去されてしまう事実が記載されているものを用意します。裁判官作成の文献として野村昌也「東京地方裁判所民事第9部におけるインターネット関係仮処分の処理の実情」判タ1395号）があります。

※5

　接続元ポート番号を保有しているCPはあまり多くはありません。不保有の場合には削ってください。なお，通信に用いられるポートには接続元（発信者側）と接続先（CP側）がありますので，CPにわかりやすいよう「接続元ポート番号」と表記しています。

※6

　通常型の提供命令では，相手方が保有する発信者情報から他の開示関係役務提供者の氏名等情報を特定できなかった場合についても記載します。このとき，タイムスタンプ（総務省令2条8号または13号）は，他の開示関係役務提供者を特定するために用いることのできる情報から除外されていますので，1項ロでは発信者情報目録のうちタイムスタンプを除外した部分を引用します。

書式4　発信者情報開示命令申立書兼提供命令申立書（対CP特定発信者情報）

発信者情報開示命令申立書

貼用印紙

令和○年○月○日

東京地方裁判所民事第9部　御中

申立人代理人　弁護士　○○　○○　印

当事者の表示

別紙当事者目録記載のとおり

事件の表示

発信者情報開示命令申立事件，提供命令申立事件　【※1】

申立ての趣旨　【※2】

1　発信者情報開示命令の申立て
(1)　相手方は，申立人に対し別紙発信者情報目録記載の各情報を開示せよ
(2)　申立費用は相手方の負担とする　【※3】
との裁判を求める。
2　提供命令の申立て
別紙主文目録記載の裁判を求める。
との裁判を求める。

申立ての理由

第1　当事者
1　申立人

申立人は，T県においてパンの製造販売を行っている株式会社である（甲1：申立人ウェブページ）。

2　相手方

相手方は，インターネットで閲覧可能なSNS「T」（以下，「本件サイト」という）を設置・運営し，そのシステムを管理している者である（甲2－1：利用規約，甲2－2：whois検索結果）。

本件サイトは，誰でもこれを閲覧し又はこれに書き込みをすることが可能であり，本件サイトに書き込まれる情報は，相手方が用いる電気通信設備を通じて電気通信により送信され，本件サイトにアクセスする不特定の者によって受信されることとなる。よって，本件サイトの用に供されるサーバー等の一連の設備は特定電気通信設備（特定電気通信役務提供者の損害賠償責任の制限及び発信者情報の開示に関する法律（以下，「プロバイダ責任制限法」という）2条2号に該当し，これを管理する相手方は特定電気通信役務提供者（プロバイダ責任制限法2条3号）に当たる。

したがって，相手方は本件サイトを介して不特定の者に発信される情報についてプロバイダ責任制限法5条1項柱書に規定する特定電気通信役務提供者であり，開示関係役務提供者（プロバイダ責任制限法2条7号）としての義務を負っている。

第2　発信者情報開示請求権

1　別紙投稿記事目録の各記事（以下「本件記事」という）の流通

本件サイトには申立人に関する本件記事が掲載されており，インターネットを通じて不特定人に広く公開されている（甲3：本件記事）。

2　権利侵害の明白性

権利侵害の明白性とは，権利侵害の客観的な事実が存在することおよび，その権利侵害につき違法性を阻却する事由が存在しないことを意味するが，発信者の主観に関わる責任阻却事由が存在しないことまでは意味しない。そして，違法性阻却事由の不存在に関する主張立証責任は開示請求者において負うものであるが，違法性阻却事由の存在をうかがわせる事情が認められないときは，違法性阻却事由は存在しないものと認められる。

本件記事は，別紙権利侵害の説明記載のとおり申立人の権利を侵害するものである。また，別紙権利侵害の説明のとおり違法性阻却事由の存在をうかがわせるような事情も存在しない。

したがって，申立人が本件記事の公開によって権利を侵害されていることは明白であって，権利侵害の明白性の要件を満たす。

3　開示を受けるべき正当な理由

申立人は，本件記事の発信者に対して，損害賠償請求や記事削除差止等を求める予定であるが，この権利を行使するためには，相手方が保有する別紙発信者情報目録記載の各情報の開示を受ける必要がある。

4　特定発信者情報の開示請求権（補充性要件）【※4】

本件サイトは，アカウントを取得してログインを行ったうえで投稿を行う仕組みであるが，相手方はログイン後の個別の投稿に関する通信記録を取得しておらず，通信記録としてはログインのための通信に関するものしか保有していない。

また，本件サイトは氏名や住所の登録を行うものではなく，相手方はこれらの情報も保有していない（甲4：文献）。

よって，本件各記事につき相手方が保有する可能性のある特定発信者情報以外の発信者情報（いわゆる一般発信者情報）は，特定電気通信役務提供者の損害賠償責任の制限及び発信者情報の開示に関する法律施行規則（以下，「総務省令」とする）2条3号4号8号に限られる。

したがって，プロバイダ責任制限法5条1項3号ロが定める補充性要件を満たしている。

5　発信者情報の保有

相手方は，本件記事に関し，別紙発信者情報目録記載の各情報を保有している。

6　発信者に到達しえないログイン記録の存在　【※5】

ログイン時IPアドレスについては，侵害情報の送信と「相当の関連性」（総務省令5条柱書）を有するものが発信者情報となり，基本的には侵害情報の送信と時間的に最も近接するものが該当する。しかし，本件サイトのアカウントは，本件サイト以外の他社のサービスを利用するためのログインIDとしても活用されており（いわゆるソーシャルログイン），相手方が記録しているログイン情報は本サイト利用のためのログインに限らず，ソーシャルログインの記録も多数含まれている。

このソーシャルログインについては侵害情報の送信のために行われた通信ではないうえ，発信者に到達することも困難な通信である。よって，相当の関連性を有する通信の判断においてソーシャルログインを除外しなければ発信者の最終的な特定は不可能となり，特定発信者情報の開示請求権を創設した趣旨を全うできない。もっとも，ソーシャルログインか否かは実際に発信者情報の開示を受けて

検討した後でなければ申立人も判断できないうえ，開示前の段階で相手方がこれを判断することも不可能である。

　このような本件に特殊な事情を前提に解すれば，侵害情報の送信と時間的に最も近接するログイン通信と，その通信がソーシャルログインである可能性を考慮し前後の近接する時間帯になされたログイン通信についても「相当の関連性」を有する侵害関連通信に該当する。

7　結　論

　よって，申立人は，プロバイダ責任制限法5条1項に基づき相手方に対し，同法8条による発信者情報開示命令申立てとして別紙発信者情報目録記載の各情報の開示を求める。

第3　提供命令の必要性

　このように申立人は相手方に別紙発信者情報目録記載の各情報の開示を求めているが，相手方が発信者情報として保有する情報のみでは，発信者の特定に至らないことが通常であり，引き続き経由プロバイダ等に対する情報開示請求が必要となる可能性が高い。

　しかし，経由プロバイダにおける通信記録の保存期間は短い場合では3カ月程度と短期間に限られるため（甲4：文献　【※6】），「発信者情報開示命令の申立てに係る侵害情報の発信者を特定することができなくなることを防止するため」（プロバイダ責任制限法15条1項）早急に経由プロバイダの名称等につき提供を受ける必要がある。

証拠方法

　証拠説明書1記載のとおり

附属書類

1	証拠説明書1	1通
2	甲号証写し	各1通
3	資格証明書	2通
4	手続代理委任状	1通

以上

当事者目録

〒○○○−××××
○県○市△△△△△△△△
申立人　U株式会社
上記代表者代表取締役　A

〒○○○−××××
○県○市△△△△△△△△
○○法律事務所
電　話　××−××××−××××　　ＦＡＸ　××−××××−××××
上記申立人代理人　弁護士　○○　○○

アメリカ合衆国　○○州，○○○○○○，
○○○○○○××××　△△××××
相手方　T. Inc.
同代表者　日本における代表者　○○　○○
（送付先）
〒○○○−××××　東京都○区△△△△△△△△

以上

（別紙）

発信者情報目録

　別紙投稿記事目録記載の各記事を送信したアカウントに関する以下の各情報
① 　相手方が保有するなかで同目録記載の投稿日時と最も近接する時刻になされ
　たログインに使用されたIPアドレスおよび同ログインの前後３日間になされた
　ログインに使用されたIPアドレス　【※６】
② 　別紙投稿記事目録記載の投稿日時より前にアカウントを開設するための通信
　に用いられたIPアドレス

③　前記①及び②の各IPアドレスと組み合わされた接続元ポート番号　【※7】
④　前記①及び②の各IPアドレスが割り当てられた電気通信設備から，相手方の用いる電気通信設備に前記①及び②の各通信が送信された年月日及び時刻
⑤　電子メールアドレス
⑥　電話番号

以上

投稿記事目録

アカウント　https://********** /************

1

閲覧用URL	https://********** /************ /******** /********
投稿日時	午後7：18・2023年1月20日
投稿内容	社長はヤクザみたいに柄が悪い。今は知らんけど，俺が居た頃は社長がバイトを殴ったりしてた

2

閲覧用URL	https://********** /************ /******** /********
投稿日時	午後7：19・2023年1月20日
投稿内容	残業代出なかったので辞めた

以上

主文目録

1　相手方は，申立人に対し，次のイ又はロに掲げる場合の区分に応じ，当該イ又はロに定める事項を書面又は電磁的方法により提供せよ。
　　イ　相手方が，別紙発信者情報目録記載の情報のうち相手方が保有するものにより，別紙投稿記事目録記載の情報に係る他の開示関係役務提供者（当該情

報の発信者であると認められるものを除く。以下同じ。）の氏名又は名称及び住所（以下「他の開示関係役務提供者の氏名等情報」という。）の特定をすることができる場合

当該他の開示関係役務提供者の氏名等情報

ロ　相手方が別紙発信者情報目録記載①乃至③の情報を保有していない場合又は保有する当該情報により上記イに規定する特定をすることができない場合【※8】

その旨

2　相手方が，前項の命令により他の開示関係役務提供者の氏名等情報の提供を受けた申立人から，申立人が当該他の開示関係役務提供者に対して別紙投稿記事目録記載の情報についての発信者情報開示命令の申立てをした旨の書面又は電磁的方法による通知を受けたときは，相手方は，当該他の開示関係役務提供者に対し，別紙発信者情報目録記載①乃至④の情報のうち相手方が保有するものを書面又は電磁的方法により提供せよ。　【※9】

権利侵害の説明

（省略）

【解説】

　SNS系のCPに対して発信者情報開示命令として電話番号・電子メールアドレス（一般発信者情報），アクセスログ（特定発信者情報）の開示請求を行いつつ，提供命令（通常型）も同時に申し立てる場合の書式です。

※1

　発信者情報開示命令の申立書には，訴訟と同じく事件表示をすることが最高裁規則で義務付けられています。「発信者情報開示命令」「提供命令申立事件」「消去禁止命令申立事件」のうち，申立てを行う事件類型をすべて記載します。

※2

　発信者情報開示命令と提供命令は別事件として処理され，決定も別のタイミングで発令されます。そのため，申立ての趣旨も事件ごとに完全に分けて記載をします。

※3

　費用事件の手続費用は各自の負担とするのが原則です（非訟事件手続法26条1項）。しかし，事情により全部または一部を他の者に負担させることも可能と定められています（同条2項）。実際にこの規定が適用され相手方負担になることはほぼあり得ませんが，発信者情報開示に要する費用については，発信者に対する損害賠償請求の際に慰謝料等とは別個の積極損害として請求することになるため，費用負担の申立てをしておいたほうが損害賠償請求段階において有利だと思われます。これをしないと，法律上はプロバイダに手続費用を負担させる余地があるのにもかかわらず，開示請求者はそれを怠ったとして，発信者情報開示請求事件の訴訟費用相当分については因果関係を否定する事情として考慮されてしまうかもしれません。

※4

　特定発信者情報の開示請求を行う場合には，このように追加の主張が必要です。各サイトの具体的なログ確保状況や，それに関する証拠資料は本書第4章の各サイトの記述を利用してください。

※5

　相当の関連性を拡大するための解釈論と目録の記載です。なお，通説的解釈ではありません。場合によっては発令の障害になる可能性がありますので，状況を見て発信者情報開示請求の範囲を限定してください。

※ 6

　提供命令の必要性を基礎づける証拠として，AP段階で通信記録が早期に消去されてしまう事実が記載されているものを用意します。裁判官作成の文献として野村昌也「東京地方裁判所民事第 9 部におけるインターネット関係仮処分の処理の実情」判タ1395号）があります。

※ 7

　接続元ポート番号を保有しているCPはあまり多くはありません。不保有の場合には削ってください。なお，通信に用いられるポートには接続元（発信者側）と接続先（CP側）がありますので，CPにわかりやすいよう「接続元ポート番号」と表記しています。

※ 8

　通常型の提供命令では，相手方が保有する発信者情報から他の開示関係役務提供者の氏名等情報を特定できなかった場合についても記載します。このとき，タイムスタンプ（総務省令 2 条 8 号または13号）は，他の開示関係役務提供者を特定するために用いることのできる情報から除外されていますので，1 項ロでは発信者情報目録のうちタイムスタンプを除外した部分を引用します。

※ 9

　提供命令に基づいて相手方から他の開示関係役務提供者に提供される情報を記載します。ここで対象となるのは，発信者情報開示命令申立事件で開示請求の対象としている発信者情報目録のうち，総務省令 2 条 5 号ないし14号の情報に限られます。発信者情報目録に電話番号や住所氏名が含まれている場合には，ここで除外して引用します。

書式 **5** 管轄上申書

上　申　書

令和○年○月○日

東京地方裁判所民事第９部　御中

申立人代理人弁護士　　○○　　○○

　相手方が管理する「──────────」（以下「本件サイト」という）は，世界中の多くの国々でサービスを提供し，日本在住の日本人向けに日本語によるサービスも提供しているサイトであるところ，相手方は「日本において事業を行う者」特定電気通信役務提供者の損害賠償責任の制限及び発信者情報の開示に関する法律（プロバイダ責任制限法）９条１項３号であり，日本国の裁判所に管轄権が認められます。

　しかし，相手方は米国ネバダ州の法人であり，日本国内には支店や営業所を有しておらず，その他業務担当者も日本国内には存在しません。よって，プロバイダ責任制限法10条２項及び発信者情報開示命令事件手続規則１条により東京都千代田区に管轄が認められますので，本件の御庁への係属を認めてくださいますよう上申いたします。

以上

【解説】

　日本に拠点を有しない外国企業に対して，プロバイダ責任制限法９条１項３号により管轄を主張する場合に提出する上申書です。なお，多くの大手CPについては日本における代表者登記が完了しており，この上申書は不要です。

書式 **6**	**委任状**

委 任 状

令和○年○月○日

住　所

（委任者）

氏　名　　　　　　　　　　　　　　㊞

私は，次の弁護士を代理人と定め，下記の事件に関する各事項を委任します。

（○○弁護士会所属）

弁護士　○○　○○

〒○○○－××××　○県○市△△△△△△△△

○○法律事務所

電　話　××－××××－××××　FAX　××－××××－××××

記

第1　事件表示

　相手方　　　Ｃコンテンツ株式会社

　　　　　　　上記相手方より提供命令に基づき提供される開示関係役務提供者

　事件名　　　投稿記事削除・発信者情報開示・発信者情報消去禁止

　　　　　　　損害賠償請求・送信防止措置

第2　委任事項

　1．私がする一切の行為及び訴訟移行後の訴訟行為をなす件

　1．保全，執行，和解，調停，請求の放棄，認諾，参加による脱退，申立ての

　　取下げ

　1．反訴，控訴，上告，上告受理の申立て及びこれらの取下げ及び訴えの取下げ

　1．復代理人の選任，弁済の受領

160

1．訴外での相手方との交渉
1．即時抗告の申立て，取下げ，その他即時抗告申立てに関する一切の件
1．非訟事件の申立て，および取下げ，和解その他，手続代理人としてする一切の件
1．終局決定に対する抗告若しくは異議又は非訟事件手続法77条2項の申立て，およびこれらの取下げ

以上

【解説】

　削除請求も含め発信者情報開示命令，民事保全，訴訟，裁判外請求のいずれの手続にも対応できるように，網羅的に委任事項を記載する委任状の書式です。

書式 7　発信者情報開示請求書

至［Ｙネット株式会社］御中

令和○年○月○日

［権利を侵害されたと主張する者］
〒○○○－××××
○県○市△△△△△△△△
Ｕ株式会社

〒○○○－××××
○県○市△△△△△△△△
○○法律事務所
電　話　××－××××－××××
ＦＡＸ　××－××××－××××
電子メール　************@*****.com
上記申立人代理人弁護士　○○　○○　印

発信者情報開示請求書

　［貴社］が管理する特定電気通信設備に掲載された下記の情報の流通により，私の権利が侵害されたので，特定電気通信役務提供者の損害賠償責任の制限及び発信者情報の開示に関する法律（プロバイダ責任制限法。以下「法」といいます）５条１項・５条２項に基づき，［貴社］が保有する，下記記載の，侵害情報の発信者の特定に資する情報（以下「発信者情報」といいます）を開示下さるよう，請求します。

　なお，万一，本請求書の記載事項（添付・追加資料を含みます）に虚偽の事実が含まれており，その結果［貴社］が発信者情報を開示された加入者等から苦情又は損害賠償請求等を受けた場合には，私が責任をもって対処いたします。

記

［貴社・貴殿］が管理する特定電気通信設備等	投稿日時　2023/01/15 15：58：17.31 接続元IPアドレス　456.789.456.789 接続先IPアドレス　123.123.123.111，123.123.123.222， 　　　　　　　　　　123.123.123.333
掲載された情報	閲覧用URL　https://——————— 番号　124 投稿日時　2023/01/15 15：58：17.31 投稿内容　元従業員だけど，Uパンの使ってる小麦はほんとは国産じゃなくて安い中国産

侵害情報等	侵害された権利	名誉権
	権利が明らかに侵害されたとする理由	1　同定可能性 　掲載された情報欄記載の記事（以下，「本件記事」とする）は【国産小麦100％Uパンを語るスレ】に投稿されたものである。 　また，本件記事にも「Uパン」の記載があり，本件記事が請求者に関する話題を投稿したものであることが読み取れる。 2　社会的評価の低下 　本件記事は，「元従業員」を名乗りつつ，請求者が製造する「Uパン」について，原料の小麦が国産ではなく安価な中国産であるとの事実を摘示している。 　請求者は，Uパンの販売において，国産小麦を使用していることをうたっているところ，本件記事が指摘するように中国産のものを使用しているとすれば，原材料の産地偽装にほかならず，請求者の社会的評価を低下させることは明らかである。 3　違法性阻却事由の不存在 　本件記事は形式的には公共の利害に関わる事項と見る余地もある。 　しかし，請求者が製造する「Uパン」に使用されている小麦の産地は商品の表示の通り国産であり産地表示の偽装を行っているとの内容はまったくの虚偽である（注文書）。

	4　結　論 　　よって，本件記事は請求者の社会的評価を低下させ，違法性阻却事由をうかがわせる事情も存在しない。 　　したがって請求者の名誉権を侵害することは明らかである。
発信者情報の開示を受けるべき正当理由（複数選択可）	①．損害賠償請求権の行使のために必要であるため ２．謝罪広告等の名誉回復措置の要請のために必要であるため ③．差止請求権の行使のために必要であるため ４．発信者に対する削除要求のために必要であるため ５．その他（具体的にご記入ください）
補充的な要件を満たす理由	
開示を請求する発信者情報（複数選択可）	【下記のうち貴社が保有する情報すべて】 １．発信者その他侵害情報の送信又は侵害関連通信に係る者の氏名又は名称 ２．発信者その他侵害情報の送信又は侵害関連通信に係る者の住所 ３．発信者その他侵害情報の送信又は侵害関連通信に係る者の電話番号 ４．発信者その他侵害情報の送信又は侵害関連通信に係る者の電子メールアドレス ５．侵害情報の送信に係るIPアドレス（接続元IPアドレス及び接続先IPアドレス）及び当該IPアドレスと組み合わされたポート番号 ６．侵害情報の送信に係る移動端末設備からのインターネット接続サービス利用者識別符号 ７．侵害情報の送信に係るSIMカード識別番号 ８．５ないし７から侵害情報が送信された年月日及び時刻 ９．専ら侵害関連通信に係るIPアドレス及び当該IPアドレスと組み合わされたポート番号

		10. 専ら侵害関連通信に係る移動端末設備からのインターネット接続サービス利用者識別符号
		11. 専ら侵害関連通信に係るSIMカード識別番号
		12. 専ら侵害関連通信に係るSMS電話番号
		13. 9ないし12から侵害関連通信が行われた年月日及び時刻
		14. 発信者その他侵害情報の送信又は侵害関連通信に係る者についての利用管理符号
	証拠	添付別紙参照
発信者に示したくない私の情報（複数選択可）		①. 氏名（個人の場合に限る）
		②. 「権利が明らかに侵害されたとする理由」欄記載事項
		③. 添付した証拠
弁護士が代理人として請求する際に本人性を証明する資料の添付を省略する場合		☑ 私（代理人弁護士）が，請求者が間違いなく本人であることを確認しています。 ※ 上記チェックボックス（□）にチェックしてください。

以上

［特定電気通信役務提供者の使用欄］

開示請求受付日	発信者への意見照会日	発信者の意見	回答日
（日付）	（日付） 照会できなかった場合はその理由：	有（日付）無	開示（日付） 非開示（日付）

【解説】

　プロバイダ責任制限法ガイドライン等検討協議会作成のガイドラインで定められた発信者情報開示請求書[1]の記載例です。APに対する発信者情報開示請求を前提に作成しています。

---

1 「発信者情報開示関係書式（ガイドライン本編）」「書式① 発信者情報開示請求標準書式」（引用元 https://www.isplaw.jp/）をもとに作成

書式 8　発信者情報開示命令申立書(対AP一般発信者情報)

発信者情報開示命令申立書

貼用印紙

令和○年○月○日

東京地方裁判所民事第9部　御中

申立人代理人　弁護士　○○　○○　印

当事者の表示

別紙当事者目録記載のとおり

事件の表示

発信者情報開示命令申立事件　【※1】

申立ての趣旨

1　相手方は，申立人に対し別紙発信者情報目録記載の各情報を開示せよ

2　申立費用は相手方の負担とする　【※2】

との裁判を求める。

申立ての理由

1　当事者

(1)　申立人

　申立人は，T県においてパンの製造販売を行っている株式会社である（甲1：申立人ウェブページ）。

(2)　対象記事

　申立人について，インターネットで閲覧可能な電子掲示板「C」（以下，「本件

サイト」という）において，別紙投稿記事目録記載の記事（以下，「本件記事」という）が投稿されている（甲2：対象記事）。

　本件サイトは，誰でもこれを閲覧し又はこれに書き込みをすることが可能であり，本件サイトに書き込まれる情報は，電気通信により送信され，本件サイトにアクセスする不特定の者によって受信されることとなる特定電気通信である。

2　発信者情報開示請求権

(1)　開示関係役務提供者該当性

　申立人は本申立てに先立ち，本件サイトの管理者より本件記事の投稿に用いられたIPアドレス等の開示を受けた（甲3：発信者情報）。開示された情報によれば，本件記事は相手方の電気通信設備を経由して本件サイトに投稿されている（甲4：whois検索結果）。

　よって，相手方はインターネット接続サービスに供される電気通信設備を用いて本件記事の投稿に係る電気通信の送信を媒介した者であるから，特定電気通信役務提供者の損害賠償責任の制限及び発信者情報の開示に関する法律（以下「プロバイダ責任制限法」という）5条1項に規定する特定電気通信役務提供者（開示関係役務提供者）に該当する。

(2)　権利侵害の明白性

　権利侵害の明白性とは，権利侵害の客観的な事実が存在することおよび，その権利侵害につき違法性を阻却する事由が存在しないことを意味するが，発信者の主観に関わる責任阻却事由が存在しないことまでは意味しない。そして，違法性阻却事由の不存在に関する主張立証責任は開示請求者において負うものであるが，違法性阻却事由の存在をうかがわせる事情が認められないときは，違法性阻却事由は存在しないものと認められる。

　本件記事は，別紙権利侵害の説明記載のとおり申立人の権利を侵害するものである。また，別紙権利侵害の説明のとおり違法性阻却事由の存在をうかがわせるような事情も存在しない。

　したがって，申立人が本件記事の公開によって権利を侵害されていることは明白であって，権利侵害の明白性の要件を満たす。

(3)　開示を受けるべき正当な理由

　申立人は，本件記事の発信者に対して，損害賠償請求や記事削除差止等を求める予定であるが，この権利を行使するためには，相手方が保有する別紙発信者情報目録記載の各情報の開示を受ける必要がある。

⑷　**発信者情報の保有**

　相手方は別紙発信者情報目録記載の各情報を保有している。

3　結　論

　よって，申立人は，プロバイダ責任制限法5条1項に基づき相手方に対し，同法8条による発信者情報開示命令申立てとして別紙発信者情報目録記載の各情報の開示を求める。

証拠方法

　証拠説明書1記載のとおり

附属書類

1	証拠説明書1	1通
2	甲号証写し	各1通
3	資格証明書	2通
4	手続代理委任状	1通

以上

当事者目録

〒○○○－××××
○県○市△△△△△△△△
申立人　U株式会社
上記代表者代表取締役　A

〒○○○－××××
○県○市△△△△△△△△
○○法律事務所
電　話　××－××××－××××　　ＦＡＸ　××－××××－××××
上記申立人代理人　弁護士　○○　○○

〒○○○－××××
東京都○区△△△△△△△△△
相手方　Ｙネット株式会社
上記代表者代表取締役　　○○　○○

以上

（別紙）

発信者情報目録　【※３】

　別紙投稿記事目録記載の接続元IPアドレスを，同目録に記載の投稿日時ころに相手方より割り当てられ，別紙投稿記事目録記載の接続先IPアドレスのいずれかに接続した者に関する次の情報
① 　氏名又は名称
② 　住所
③ 　電話番号
④ 　電子メールアドレス

以上

投稿記事目録　【※４】

閲覧用URL　https://——————————————

| 番号 | 124 | 投稿日時 | 2023/01/15 15:58:17.31 |

| 投稿内容 | 元従業員だけど，Ｕパンの使ってる小麦はほんとは国産じゃなくて安い中国産 |

| 接続元IPアドレス | 456.789.456.789 |

| 接続先IPアドレス | 123.123.123.111，123.123.123.222，123.123.123.333 |

以上

> ### 権利侵害の説明
> （省略）

【解説】

　CPより侵害情報の発信に関するIPアドレスの開示を受けたのちに，APに対して発信者情報開示命令を申し立てる際の書式です。

※1

　発信者情報開示命令の申立書には，訴訟と同じく事件表示をすることが最高裁規則で義務付けられています。この書式では発信者情報開示命令のみですが，提供命令や消去禁止命令を併せて申し立てる場合には「提供命令申立事件」「消去禁止命令申立事件」も併記します。

※2

　非訟事件の手続費用は各自の負担とするのが原則です（非訟事件手続法26条１項）。しかし，事情により全部または一部を他の者に負担させることも可能と定められています（同条２項）。実際にこの規定が適用され相手方負担になることはほぼあり得ませんが，発信者情報開示に要する費用については，発信者に対する損害賠償請求の際に慰謝料等とは別個の積極損害として請求することになるため，費用負担の申立てをしておいたほうが損害賠償請求段階において有利だと思われます。これをしないと，法律上はプロバイダに手続費用を負担させる余地があるのにもかかわらず，開示請求者はそれを怠ったとして，発信者情報開示請求事件の訴訟費用相当分については因果関係を否定する事情として考慮されてしまうかもしれません。

※3

　３点方式で記載する場合の発信者情報目録です。APが発信者を特定するの

に必要な情報に応じて，適宜変更してください。

※4
　CP段階で記載した記事を特定する情報に加え，AP段階で発信者の特定に必要となる情報を追記しています。

書式9　発信者情報開示命令申立書（対AP関連電気通信役務提供者）

発信者情報開示命令申立書

貼用印紙

令和○年○月○日

東京地方裁判所民事第9部　御中

申立人代理人　弁護士　○○　○○　印

当事者の表示

別紙当事者目録記載のとおり

事件の表示

発信者情報開示命令申立事件　【※1】

申立ての趣旨

1　相手方は，申立人に対し別紙発信者情報目録記載の各情報を開示せよ
2　申立費用は相手方の負担とする　【※2】
との裁判を求める。

申立ての理由

1　当事者
(1)　申立人
　申立人は，T県においてパンの製造販売を行っている株式会社である（甲1：申立人ウェブページ）。
(2)　対象記事
　申立人について，インターネットで閲覧可能なSNS「T」（以下，「本件サイ

ト」という）において，別紙投稿記事目録記載の各記事（以下，「本件記事」という）が投稿されている（甲2：対象記事）。

　本件サイトは，誰でもこれを閲覧し又はこれに書き込みをすることが可能であり，本件サイトに書き込まれる情報は，電気通信により送信され，本件サイトにアクセスする不特定の者によって受信されることとなる特定電気通信である。

2　発信者情報開示請求権
(1)　開示関係役務提供者該当性
　申立人は本申立てに先立ち，本件サイトの管理者より本件記事の投稿に用いられたアカウントを利用するために行ったログイン等のうち本件記事との関係で相当の関連性を有する侵害関連通信に該当する通信に係るIPアドレス等の開示を受けた（甲3：発信者情報）。

　開示された情報によれば，本件記事に係る侵害関連通信は相手方の電気通信設備を経由して本件サイトに投稿されている（甲4：whois検索結果）。

　よって，相手方はインターネット接続サービスに供される電気通信設備を用いて本件記事に係る侵害関連通信を媒介した者であるから，特定電気通信役務提供者の損害賠償責任の制限及び発信者情報の開示に関する法律（以下「プロバイダ責任制限法」という。）5条2項に規定する関連電気通信役務提供者（開示関係役務提供者）に該当する。

(2)　権利侵害の明白性
　権利侵害の明白性とは，権利侵害の客観的な事実が存在することおよび，その権利侵害につき違法性を阻却する事由が存在しないことを意味するが，発信者の主観に関わる責任阻却事由が存在しないことまでは意味しない。そして，違法性阻却事由の不存在に関する主張立証責任は開示請求者において負うものであるが，違法性阻却事由の存在をうかがわせる事情が認められないときは，違法性阻却事由は存在しないものと認められる。

　本件記事は，別紙権利侵害の説明記載のとおり申立人の権利を侵害するものである。また，別紙権利侵害の説明のとおり違法性阻却事由の存在をうかがわせるような事情も存在しない。

　したがって，申立人が本件記事の公開によって権利を侵害されていることは明白であって，権利侵害の明白性の要件を満たす。

(3)　開示を受けるべき正当な理由
　申立人は，本件記事の発信者に対して，損害賠償請求や記事削除差止等を求め

る予定であるが，この権利を行使するためには，相手方が保有する別紙発信者情報目録記載の各情報の開示を受ける必要がある。

⑷　**発信者情報の保有**

　相手方は別紙発信者情報目録記載の各情報を保有している。

3　結　論

　よって，申立人は，プロバイダ責任制限法5条1項に基づき相手方に対し，同法8条による発信者情報開示命令申立てとして別紙発信者情報目録記載の各情報の開示を求める。

証拠方法

　証拠説明書1記載のとおり

附属書類

1	証拠説明書1	1通
2	甲号証写し	各1通
3	資格証明書	2通
4	手続代理委任状	1通

以上

当事者目録

〒○○○－××××
○県○市△△△△△△△△
申立人　U株式会社
上記代表者代表取締役　A

〒○○○－××××
○県○市△△△△△△△△
○○法律事務所
電　話　××－××××－××××　FAX　××－××××－××××

上記申立人代理人　弁護士　○○　○○

〒○○○－××××
東京都○区△△△△△△△△△
相手方　Ｘ通信株式会社
上記代表者代表取締役　○○　○○

以上

(別紙)

発信者情報目録　【※3】

　別紙投稿記事目録記載の接続元IPアドレスを，同目録に記載された通信日時ころに相手方より割り当てられ，別紙投稿記事目録記載の接続先IPアドレスのいずれかに接続した者に関する次の情報
① 　氏名又は名称
② 　住所
③ 　電話番号
④ 　電子メールアドレス

以上

投稿記事目録　【※4】

アカウント　https://**********/************

| 接続元IPアドレス | 456.789.456.789 |

| 投稿日時 | 2023年1月20日　午後7時00分10秒 |

| 接続先IPアドレス | 123.123.123.111，123.123.123.222，123.123.123.333 |

1

閲覧用URL	https://********** /************ /******** /********
投稿日時	午後7:18・2023年1月20日
投稿内容	社長はヤクザみたいに柄が悪い。今は知らんけど，俺が居た頃は社長がバイトを殴ったりしてた

2

閲覧用URL	https://********** /************ /******** /********
投稿日時	午後7:19・2023年1月20日
投稿内容	残業代出なかったので辞めた

以上

権利侵害の説明
（省略）

【解説】

　CPより侵害関連通信に関するIPアドレスの開示を受けたのちに，関連電気通信役務提供者としてのAPに対して発信者情報開示命令を申し立てる際の書式です。

※1

　発信者情報開示命令の申立書には，訴訟と同じく事件表示をすることが最高裁規則で義務付けられています。この書式では発信者情報開示命令のみですが，提供命令や消去禁止命令を併せて申し立てる場合には「提供命令申立事件」「消去禁止命令申立事件」も併記します。

※2

　非訟事件の手続費用は各自の負担とするのが原則です（非訟事件手続法26条

1項)。しかし，事情により全部または一部を他の者に負担させることも可能と定められています（同条2項）。実際にこの規定が適用され相手方負担になることはほぼあり得ませんが，発信者情報開示に要する費用については，発信者に対する損害賠償請求の際に慰謝料等とは別個の積極損害として請求することになるため，費用負担の申立てをしておいたほうが損害賠償請求段階において有利だと思われます。これをしないと，法律上はプロバイダに手続費用を負担させる余地があるのにもかかわらず，開示請求者はそれを怠ったとして，発信者情報開示請求事件の訴訟費用相当分については因果関係を否定する事情として考慮されてしまうかもしれません。

※3

3点方式で記載する場合の発信者情報目録です。APが発信者を特定するのに必要な情報に応じて，適宜変更してください。

※4

CP段階で記載した記事を特定する情報に加え，AP段階で発信者の特定に必要となる情報を追記しています。

書式10　申立ての趣旨変更申立書（AP段階提供命令）

令和○年（発チ）第○○○○号　発信者情報開示命令申立事件
申立人　　U株式会社
相手方　　Yネット株式会社

申立ての趣旨変更申立書

┌─────────┐
│ 貼用印紙 │
└─────────┘

令和○年○月○日

東京地方裁判所民事第9部　御中

申立人代理人　弁護士　○○　○○　印

　申立人は提供命令の申立てを追加し，申立書「事件の表示」欄および申立ての趣旨を次のとおり変更します。

事件の表示　【※1】

　発信者情報開示命令申立事件
　提供命令申立事件

申立ての趣旨

1　発信者情報開示命令申立事件
⑴　相手方は，申立人に対し別紙発信者情報目録記載の各情報を開示せよ
⑵　申立費用は相手方の負担とする
との裁判を求める。

2　提供命令申立事件
⑴　相手方は，申立人に対し，別紙発信者情報目録記載の各情報により特定し

た別紙投稿記事目録記載の記事に係る他の開示関係役務提供者（当該情報の発信者であると認められるものを除く。以下同じ）の氏名又は名称及び住所を書面又は電磁的方法により提供せよ

(2) 相手方が，前項の命令により他の開示関係役務提供者の氏名等情報の提供を受けた申立人から，申立人が当該他の開示関係役務提供者に対して別紙投稿記事目録記載の情報についての発信者情報開示命令の申立てをした旨の書面又は電磁的方法による通知を受けたときは，相手方は，当該他の開示関係役務提供者に対し，別紙提供情報目録記載の各情報のうち相手方が保有するものを書面又は電磁的方法により提供せよ　【※2】

との裁判を求める。

申立ての理由（追加）

1　提供命令（イ号限定型）の申立て

相手方主張によれば，本件記事の発信には相手方より通信設備の提供を受けた他の開示関係役務提供者も関与しており，相手方は発信者の住所氏名を保有していないとのことである。

そこで，相手方に対する発信者情報開示請求に引き続き，当該他の開示関係役務提供者に対する発信者情報開示請求が必要となるが，経由プロバイダにおける通信記録の保存期間は短い場合では3カ月程度と短期間に限られるため（甲●：文献　【※3】），「発信者情報開示命令の申立てに係る侵害情報の発信者を特定することができなくなることを防止するため」（プロバイダ責任制限法15条1項）早急に他の開示関係役務提供者の氏名等情報につき提供を受ける必要がある。

2　相手方に開示を求める発信者情報の変更　【※4】

前記のとおり他の開示関係役務提供者が介在することから，他の開示関係役務提供者において発信者を特定するために必要となる発信者情報の開示請求を相手方に対して求める。

発信者情報目録　【※4】

第1

別紙投稿記事目録記載の接続元IPアドレスを，同目録記載の投稿日時ころに使用して情報を発信した通信別紙投稿記事目録記載のIPアドレスを同目録記載の投稿日時に使用した通信に関する下記情報

① IPアドレス
② SIM識別番号
③ インターネット接続サービスの利用者又は当該利用者が使用する電気通信回
　線を識別するために用いられる利用管理符号

以上

投稿記事目録

閲覧用URL　https://——————————————————

| 番号 | 124 | 投稿日時 | 2023/01/15 15:58:17.31 |

投稿内容　元従業員だけど，Uパンの使ってる小麦はほんとは国産じゃなくて
　　　　　安い中国産

接続元IPアドレス　456.789.456.789

接続先IPアドレス　123.123.123.111，123.123.123.222，123.123.123.333

以上

【解説】

　APに対して発信者情報開示命令を申し立てたのちに，相手方であるAPより対象の通信には他の開示関係役務提供者が介在している旨の主張がなされたときに，追加的に提供命令を申し立てる際の書式です。発信者がMVNOを利用しており，通信回線を提供するAPと，発信者と直接の契約関係にあるAPが異なる場合などに利用します。

※1
　この書面自体が提供命令の申立書の性質を持ちますので，発信者情報開示命令の申立書と同じく事件表示が必要です。

※2

　APの答弁の内容を前提に提供命令を追加的に申し立てますので，APが他の開示関係役務提供者の氏名等情報を特定できない可能性は排除されています。このため，通常型ではなくイ号限定型として提供命令の申立てを行います。

※3

　提供命令の必要性を基礎づける証拠として，AP段階で通信記録が早期に消去されてしまう事実が記載されているものを用意します。裁判官作成の文献として野村昌也「東京地方裁判所民事第9部におけるインターネット関係仮処分の処理の実情」判タ1395号）があります。

※4

　相手方であるAPに対しては申立ての趣旨変更前は発信者の住所氏名等の情報を求めているはずですが，提供命令後に他の開示関係役務提供者が発信者を特定するために用いる情報に発信者情報目録も変更する必要があります。

書式11　発信者情報開示命令申立書（対AP提供命令経由・一般発信者情報）

発信者情報開示命令申立書

| 貼用印紙 |

令和○年○月○日

東京地方裁判所民事第9部　御中

申立人代理人　弁護士　○○　○○　印

当事者の表示

別紙当事者目録記載のとおり

事件の表示

発信者情報開示命令申立事件　【※1】

先行事件：東京地方裁判所令和○年（発チ）第○○○号発信者情報開示命令申立事件

申立ての趣旨

1　相手方は，申立人に対し別紙発信者情報目録記載の各情報を開示せよ

2　申立費用は相手方の負担とする　【※2】

との裁判を求める。

申立ての理由

1　当事者

(1)　申立人

申立人は，T県においてパンの製造販売を行っている株式会社である（甲1：申立人ウェブページ）。

(2)　対象記事

　申立人について，インターネットで閲覧可能な電子掲示板「C」（以下，「本件サイト」という）において，別紙投稿記事目録記載の記事（以下，「本件記事」という）が投稿されている（先行事件：甲3）。

　本件サイトは，誰でもこれを閲覧し又はこれに書き込みをすることが可能であり，本件サイトに書き込まれる情報は，電気通信により送信され，本件サイトにアクセスする不特定の者によって受信されることとなる特定電気通信である。

2　発信者情報開示請求権

(1)　開示関係役務提供者該当性

　申立人は本申立てに先立ち，本件記事に係る発信者情報開示命令及び提供命令の申立てを行い，提供命令が発令された。

　申立人は，上記提供命令に基づき，本件サイトの管理者より本件記事の投稿に用いられたIPアドレス等により特定される他の開示関係役務提供者の氏名等情報として，相手方の氏名及び住所の提供を受けた（甲A1：情報提供書）。【※3】

　よって，相手方は，インターネット接続サービスに供される電気通信設備を用いて本件記事の投稿に係る電気通信の送信を媒介した者であるから，特定電気通信役務提供者の損害賠償責任の制限及び発信者情報の開示に関する法律（以下「プロバイダ責任制限法」という。）5条1項に規定する特定電気通信役務提供者（開示関係役務提供者）に該当する。

(2)　権利侵害の明白性

　権利侵害の明白性とは，権利侵害の客観的な事実が存在することおよび，その権利侵害につき違法性を阻却する事由が存在しないことを意味するが，発信者の主観に関わる責任阻却事由が存在しないことまでは意味しない。そして，違法性阻却事由の不存在に関する主張立証責任は開示請求者において負うものであるが，違法性阻却事由の存在をうかがわせる事情が認められないときは，違法性阻却事由は存在しないものと認められる。

　本件記事は，別紙権利侵害の説明記載のとおり申立人の権利を侵害するものである。また，別紙権利侵害の説明のとおり違法性阻却事由の存在をうかがわせるような事情も存在しない。

　したがって，申立人が本件記事の公開によって権利を侵害されていることは明白であって，権利侵害の明白性の要件を満たす。

(3)　開示を受けるべき正当な理由

　申立人は，本件記事の発信者に対して，損害賠償請求や記事削除差止等を求める予定であるが，この権利を行使するためには，相手方が保有する別紙発信者情報目録記載の各情報の開示を受ける必要がある。

⑷　**発信者情報の保有**

　本件サイトの管理者に対し，速やかに本申立てをした旨の通知をする予定である。相手方は上記提供命令に基づき本件サイトの管理者から，本件記事に係る発信者情報の提供を受けることができる。

　したがって，相手方は別紙発信者情報目録記載の各情報を保有するということができる。

3　結　論

　よって，申立人は，プロバイダ責任制限法5条1項に基づき相手方に対し，同法8条による発信者情報開示命令申立てとして別紙発信者情報目録記載の各情報の開示を求める。

証拠方法

　　証拠説明書1記載のとおり

附属書類

1	証拠説明書1	1通
2	甲号証写し	各1通
3	資格証明書	2通
4	手続代理委任状	1通

以上

当事者目録

〒○○○－××××
○県○市△△△△△△△△
申立人　U株式会社
上記代表者代表取締役　A

〒○○○－××××
○県○市△△△△△△△△
○○法律事務所
電　話　××－××××－××××　ＦＡＸ　××－××××－××××
上記申立人代理人　弁護士　○○　○○

〒○○○－××××
東京都○区△△△△△△△△
相手方　Ｙネット株式会社
上記代表者代表取締役　○○　○○

以上

（別紙）

発信者情報目録　【※4】

　東京地方裁判所が令和○年○月○日付でした同裁判所同年（モ）第○○○○号提供命令申立事件に基づきＣコンテンツ株式会社から相手方に提供されたIPアドレスを，同様に提供された通信日時ころに相手方より割り当てられ，別紙投稿記事目録記載の接続先IPアドレスのいずれかに接続した者に関する次の情報
①　氏名又は名称
②　住所
③　電話番号
④　電子メールアドレス

以上

投稿記事目録　【※5】

閲覧用URL　https://―――――――――――――

番号	124	投稿日時	2023/01/15 15:58:17.31

投稿内容　元従業員だけど，Uパンの使ってる小麦はほんとは国産じゃなくて
安い中国産

接続先IPアドレス　123.123.123.111，123.123.123.222，123.123.123.333

以上

権利侵害の説明

（省略）

【解説】

　CP段階で提供命令を活用し，侵害情報の送信に係る他の開示関係役務提供者の氏名等情報としてAP名の提供を受けた次の段階として，当該APに対して発信者情報開示命令を申し立てる際の書式です。

※ 1

　発信者情報開示命令の申立書には，訴訟と同じく事件表示をすることが最高裁規則で義務付けられています。「発信者情報開示命令」「提供命令申立事件」「消去禁止命令申立事件」のうち，申立てを行う事件類型をすべて記載します。

　さらに，提供命令で提供された情報に基づいて発信者情報開示命令を申し立てる場合，先行事件として当該提供命令の基本事件である発チの番号を記載します。

※ 2

　非訟事件の手続費用は各自の負担とするのが原則です（非訟事件手続法26条1項）。しかし，事情により全部または一部を他の者に負担させることも可能と定められています（同条2項）。実際にこの規定が適用され相手方負担にな

ることはほぼあり得ませんが，発信者情報開示に要する費用については，発信者に対する損害賠償請求の際に慰謝料等とは別個の積極損害として請求することになるため，費用負担の申立てをしておいたほうが損害賠償請求段階において有利だと思われます。これをしないと，法律上はプロバイダに手続費用を負担させる余地があるのにもかかわらず，開示請求者はそれを怠ったとして，発信者情報開示請求事件の訴訟費用相当分については因果関係を否定する事情として考慮されてしまうかもしれません。

※3

　提供命令を活用してAPとCPを一体的に審理する場合，併合審理のために証拠符号を分けます。CP段階では「甲」を用いたことから，AP段階では「甲A」を用います。また，相手方としたAPがエンドユーザーと契約関係になくさらに提供命令を用いて第二のAPが登場する場合には「甲B」とします。

※4

　提供命令を活用した後に3点方式で記載する場合の発信者情報目録です。提供命令によってAPを特定した場合，APが発信者を特定するのに必要なIPアドレス等の情報は申立人には不明なため，このように提供命令の事件番号を明記して特定してゆきます。

※5

　CP段階で記載した記事を特定する情報に加え，AP段階で発信者の特定に必要となる情報を追記しています。提供命令を用いた場合でも，接続先の情報は申立人が調査して記載することになります。

書式12　発信者情報開示命令申立書（対AP提供命令経由・特定発信者情報）

発信者情報開示命令申立書

貼用印紙

令和○年○月○日

東京地方裁判所民事第9部　御中

申立人代理人　弁護士　○○　○○　印

当事者の表示

別紙当事者目録記載のとおり

事件の表示

発信者情報開示命令申立事件　【※1】

先行事件：東京地方裁判所令和○年（発チ）第○○○号発信者情報開示命令申立事件

申立ての趣旨

1　相手方は，申立人に対し別紙発信者情報目録記載の各情報を開示せよ

2　申立費用は相手方の負担とする　【※2】

との裁判を求める。

申立ての理由

1　当事者

(1)　申立人

申立人は，T県においてパンの製造販売を行っている株式会社である（甲1：申立人ウェブページ）。

⑵　対象記事

　申立人について，インターネットで閲覧可能なSNS「T」（以下，「本件サイト」という）において，別紙投稿記事目録記載の各記事（以下，「本件記事」という）が投稿されている（甲２：対象記事）。

　本件サイトは，誰でもこれを閲覧し又はこれに書き込みをすることが可能であり，本件サイトに書き込まれる情報は，電気通信により送信され，本件サイトにアクセスする不特定の者によって受信されることとなる特定電気通信である。

２　発信者情報開示請求権

⑴　開示関係役務提供者該当性

　申立人は本申立てに先立ち，本件記事に係る発信者情報開示命令及び提供命令の申立てを行い，提供命令が発令された。

　申立人は，上記提供命令に基づき，本件サイトの管理者より本件記事の投稿に用いられたアカウントを利用するために行ったログイン等のうち本件記事との関係で相当の関連性を有する侵害関連通信に該当する通信に係るIPアドレス等により特定される他の開示関係役務提供者の氏名等情報として相手方の氏名及び住所の提供を受けた（甲A1：情報提供書）。

　よって，相手方はインターネット接続サービスに供される電気通信設備を用いて本件記事に係る侵害関連通信を媒介した者であるから，特定電気通信役務提供者の損害賠償責任の制限及び発信者情報の開示に関する法律（以下「プロバイダ責任制限法」という）５条２項に規定する関連電気通信役務提供者（開示関係役務提供者）に該当する。

⑵　権利侵害の明白性

　権利侵害の明白性とは，権利侵害の客観的な事実が存在することおよび，その権利侵害につき違法性を阻却する事由が存在しないことを意味するが，発信者の主観に関わる責任阻却事由が存在しないことまでは意味しない。そして，違法性阻却事由の不存在に関する主張立証責任は開示請求者において負うものであるが，違法性阻却事由の存在をうかがわせる事情が認められないときは，違法性阻却事由は存在しないものと認められる。

　本件記事は，別紙権利侵害の説明記載のとおり申立人の権利を侵害するものである。また，別紙権利侵害の説明のとおり違法性阻却事由の存在をうかがわせるような事情も存在しない。

　したがって，申立人が本件記事の公開によって権利を侵害されていることは明

白であって，権利侵害の明白性の要件を満たす。

(3)　**開示を受けるべき正当な理由**

　申立人は，本件記事の発信者に対して，損害賠償請求や記事削除差止等を求める予定であるが，この権利を行使するためには，相手方が保有する別紙発信者情報目録記載の各情報の開示を受ける必要がある。

(4)　**発信者情報の保有**

　相手方は別紙発信者情報目録記載の各情報を保有している。

3　結　論

　よって，申立人は，プロバイダ責任制限法5条1項に基づき相手方に対し，同法8条による発信者情報開示命令申立てとして別紙発信者情報目録記載の各情報の開示を求める。

証拠方法

　証拠説明書1記載のとおり

附属書類

1	証拠説明書1	1通
2	甲号証写し	各1通
3	資格証明書	2通
4	手続代理委任状	1通

以上

当事者目録

〒○○○－××××
○県○市△△△△△△△△△
申立人　U株式会社
上記代表者代表取締役　A

〒○○○－××××

190

〇県〇市△△△△△△△△
〇〇法律事務所
電　話　××－××××－××××　ＦＡＸ　××－××××－××××
上記申立人代理人　弁護士　〇〇　〇〇

〒〇〇〇－××××
東京都〇区△△△△△△△△△
相手方　X通信株式会社
上記代表者代表取締役　〇〇　〇〇

以上

（別紙）

発信者情報目録　【※3】

　東京地方裁判所が令和〇年〇日付でした同裁判所同年（モ）第〇〇〇号提供命令申立事件に基づきT.Inc.から相手方に提供されたIPアドレスを，同様に提供された通信日時ころに相手方より割り当てられ，別紙投稿目録記載の接続先IPアドレスに接続した者に関する次の情報
　　① 　氏名又は名称
　　② 　住所
　　③ 　電話番号
　　④ 　電子メールアドレス

以上

投稿記事目録　【※4】

アカウント　　https://********** /************

接続先IPアドレス　　123.123.123.111，123.123.123.222，123.123.123.333

1

閲覧用URL	https://********** /************ /******** /*********
投稿日時	午後7:18・2023年1月20日
投稿内容	社長はヤクザみたいに柄が悪い。今は知らんけど，俺が居た頃は社長がバイトを殴ったりしてた

2

閲覧用URL	https://********** /************ /******** /*********
投稿日時	午後7:19・2023年1月20日
投稿内容	残業代出なかったので辞めた

以上

権利侵害の説明

（省略）

【解説】

　CP段階で提供命令を活用し，侵害関連通信を媒介した他の開示関係役務提供者の氏名等情報としてAP名の提供を受けた次の段階として，当該APに対して発信者情報開示命令を申し立てる際の書式です。

※1

　発信者情報開示命令の申立書には，訴訟と同じく事件表示をすることが最高裁規則で義務付けられています。「発信者情報開示命令」「提供命令申立事件」「消去禁止命令申立事件」のうち，申立を行う事件類型をすべて記載します。

　さらに，提供命令で提供された情報に基づいて発信者情報開示命令を申し立てる場合，先行事件として当該提供命令の基本事件である発チの番号を記載します。

※2

　非訟事件の手続費用は各自の負担とするのが原則です（非訟事件手続法26条1項）。しかし，事情により全部または一部を他の者に負担させることも可能と定められています（同条2項）。実際にこの規定が適用され相手方負担になることはほぼあり得ませんが，発信者情報開示に要する費用については，発信者に対する損害賠償請求の際に慰謝料等とは別個の積極損害として請求することになるため，費用負担の申立てをしておいたほうが損害賠償請求段階において有利だと思われます。これをしないと，法律上はプロバイダに手続費用を負担させる余地があるのにもかかわらず，開示請求者はそれを怠ったとして，発信者情報開示請求事件の訴訟費用相当分については因果関係を否定する事情として考慮されてしまうかもしれません。

※3

　提供命令を活用してAPとCPを一体的に審理する場合，併合審理のために証拠符号を分けます。CP段階では「甲」を用いたことから，AP段階では「甲A」を用います。また，相手方としたAPがエンドユーザーと契約関係になくさらに提供命令を用いて第二のAPが登場する場合には「甲B」とします。

※4

　提供命令を活用した後に3点方式で記載する場合の発信者情報目録です。提供命令によってAPを特定した場合，APが発信者を特定するのに必要なIPアドレス等の情報は申立人には不明なため，このように提供命令の事件番号を明記して特定してゆきます。

索　引

【著者紹介】

中澤佑一（なかざわ・ゆういち）

弁護士。弁護士法人戸田総合法律事務所代表。IT・知的財産関係法務を中心に活動。日本弁護士連合会をはじめ各地の弁護士会で発信者情報開示実務に関する研修講師を担当。著書に，『インターネットにおける誹謗中傷法的対策マニュアル〈第4版〉』（中央経済社，2022），『保護者のためのあたらしいインターネットの教科書』（共著，中央経済社，2012），『「ブラック企業」と呼ばせない！ 労務管理・風評対策Q&A』（編著，中央経済社，2016），『最新 プロバイダ責任制限法判例集』（共著，LABO，2016），『〔改訂版〕ケース・スタディ ネット権利侵害対応の実務─発信者情報開示請求と削除請求─』（共著，新日本法規出版，2020），『最新事例でみる 発信者情報開示の可否判断』（共著，新日本法規出版，2022）

弁護士法人戸田総合法律事務所

■戸田オフィス
埼玉県戸田市本町2-10-1　山昌ビル3階
電話：048-229-6201

■東京オフィス
東京都千代田区丸の内3-4-1　新国際ビル6階
電話：03-6273-4790

URL：https://todasogo.jp

令和3年改正法対応
発信者情報開示命令活用マニュアル

2023年6月5日　第1版第1刷発行
2023年7月30日　第1版第2刷発行

著　者　中　澤　佑　一
発行者　山　本　　　継
発行所　㈱中　央　経　済　社
発売元　㈱中央経済グループ
　　　　パ ブ リ ッ シ ン グ

〒101-0051　東京都千代田区神田神保町1-35
電話　03 (3293) 3371(編集代表)
　　　03 (3293) 3381(営業代表)
https://www.chuokeizai.co.jp

© 2023
Printed in Japan

印刷／東光整版印刷㈱
製本／㈲井上製本所

＊頁の「欠落」や「順序違い」などがありましたらお取り替えいた
しますので発売元までご送付ください。(送料小社負担)
ISBN978-4-502-46141-5　C3032

インターネットにおける
誹謗中傷法的対策マニュアル
〈第4版〉

弁護士 中澤佑一 〔著〕

- A5判／ソフトカバー／460ページ
- ISBN:978-4-502-41191-5

インターネット上での情報発信による権利侵害に対し，その情報を削除し，発信者を特定して権利を行使するための法的手続を具体的に解説。各種請求や処分の申立てに使える26の書式を収録。

令和3年プロバイダ責任制限法改正を踏まえた最新版。

本書の構成

中央経済社